21 世纪高等学校计算机系列规划教材

Flash CS5 动画制作教程

李　林　苏炳均　主　编

张贵红　门　涛　副主编

清华大学出版社

北京

内 容 简 介

　　Flash 是一款集多种功能于一体的矢量图形编辑和动画制作的专业构件,本书从实用角度出发,结合精彩案例,以循序渐进的方式,由浅入深地全面介绍了 Flash CS5 的基本操作、常用工具、常用动画制作方法,包括逐帧动画、补间形状动画、传统补间动画、沿路径运动的传统补间、补间动画、遮罩动画和骨骼动画,声音和视频,以及如何用动作脚本制作交互式动画等内容。

　　本书适合作为高等学校计算机及相关专业课程的教材或非计算机专业学生学习计算机动画的教材,也可作为动画设计培训班的教材或参考书。

　　本书用到的实例源文件、相关素材文件以及其他多媒体学习资源,都可登录清华大学出版社网站下载,供查阅和学习。

图书在版编目(CIP)数据

Flash CS5 动画制作教程/李林等主编.—北京:清华大学出版社,2014(2019.9 重印)
　(21 世纪高等学校计算机系列规划教材)
　ISBN 978-7-302-35183-2

　Ⅰ.①F…　Ⅱ.①李…　Ⅲ.①动画制作软件-高等学校-教材　Ⅳ.①TP391.41

　中国版本图书馆 CIP 数据核字(2014)第 013703 号

责任编辑:付弘宇　薛　阳
封面设计:杨　兮
责任校对:焦丽丽
责任印制:刘祎淼

出版发行:清华大学出版社
　　　网　　　址:http://www.tup.com.cn,http://www.wqbook.com
　　　地　　　址:北京清华大学学研大厦 A 座　　　　　邮　　编:100084
　　　社 总 机:010-62770175　　　　　　　　　　　　邮　　购:010-62786544
　　　投稿与读者服务:010-62776969,c-service@tup.tsinghua.edu.cn
　　　质量反馈:010-62772015,zhiliang@tup.tsinghua.edu.cn
　　　课件下载:http://www.tup.com.cn,010-62795954
印 装 者:北京建宏印刷有限公司
经　　销:全国新华书店
开　　本:185mm×260mm　　印　张:14.75　　　　　字　　数:356 千字
版　　次:2014 年 3 月第 1 版　　　　　　　　　　　印　　次:2019 年 9 月第 4 次印刷
印　　数:4001～4300
定　　价:29.00 元

产品编号:053762-01

出版说明

随着我国改革开放的进一步深化,高等教育也得到了快速发展,各地高校紧密结合地方经济建设发展需要,科学运用市场调节机制,加大了使用信息科学等现代科学技术提升、改造传统学科专业的投入力度,通过教育改革合理调整和配置了教育资源,优化了传统学科专业,积极为地方经济建设输送人才,为我国经济社会的快速、健康和可持续发展以及高等教育自身的改革发展做出了巨大贡献。但是,高等教育质量还需要进一步提高以适应经济社会发展的需要,不少高校的专业设置和结构不尽合理,教师队伍整体素质亟待提高,人才培养模式、教学内容和方法需要进一步转变,学生的实践能力和创新精神亟待加强。

教育部一直十分重视高等教育质量工作。2007 年 1 月,教育部下发了《关于实施高等学校本科教学质量与教学改革工程的意见》,计划实施"高等学校本科教学质量与教学改革工程(简称'质量工程')",通过专业结构调整、课程教材建设、实践教学改革、教学团队建设等多项内容,进一步深化高等学校教学改革,提高人才培养的能力和水平,更好地满足经济社会发展对高素质人才的需要。在贯彻和落实教育部"质量工程"的过程中,各地高校发挥师资力量强、办学经验丰富、教学资源充裕等优势,对其特色专业及特色课程(群)加以规划、整理和总结,更新教学内容、改革课程体系,建设了一大批内容新、体系新、方法新、手段新的特色课程。在此基础上,经教育部相关教学指导委员会专家的指导和建议,清华大学出版社在多个领域精选各高校的特色课程,分别规划出版系列教材,以配合"质量工程"的实施,满足各高校教学质量和教学改革的需要。

本系列教材立足于计算机公共课程领域,以公共基础课为主、专业基础课为辅,横向满足高校多层次教学的需要。在规划过程中体现了如下一些基本原则和特点。

(1) 面向多层次、多学科专业,强调计算机在各专业中的应用。教材内容坚持基本理论适度,反映各层次对基本理论和原理的需求,同时加强实践和应用环节。

(2) 反映教学需要,促进教学发展。教材要适应多样化的教学需要,正确把握教学内容和课程体系的改革方向,在选择教材内容和编写体系时注意体现素质教育、创新能力与实践能力的培养,为学生的知识、能力、素质协调发展创造条件。

(3) 实施精品战略,突出重点,保证质量。规划教材把重点放在公共基础课和专业基础课的教材建设上;特别注意选择并安排一部分原来基础比较好的优秀教材或讲义修订再版,逐步形成精品教材;提倡并鼓励编写体现教学质量和教学改革成果的教材。

(4) 主张一纲多本,合理配套。基础课和专业基础课教材配套,同一门课程可以有针对不同层次、面向不同专业的多本具有各自内容特点的教材。处理好教材统一性与多样化,基本教材与辅助教材、教学参考书,文字教材与软件教材的关系,实现教材系列资源配套。

（5）依靠专家，择优选用。在制定教材规划时依靠各课程专家在调查研究本课程教材建设现状的基础上提出规划选题。在落实主编人选时，要引入竞争机制，通过申报、评审确定主题。书稿完成后要认真实行审稿程序，确保出书质量。

繁荣教材出版事业，提高教材质量的关键是教师。建立一支高水平教材编写梯队才能保证教材的编写质量和建设力度，希望有志于教材建设的教师能够加入到我们的编写队伍中来。

21世纪高等学校计算机系列规划教材

联系人：魏江江 weijj@tup. tsinghua. edu. cn

Adobe Flash Professional CS5 是用于 Flash 动画创作和 ActionScript 开发的专业软件,它可以让您轻松地创作和编辑图形、动画、音频、视频,甚至能够创建 3D 效果和骨骼动画。它也是一个集成的程序开发环境,借助它您可以轻松快速地编写出高质量的 ActionScript 程序代码,并且可以让程序和动画完美结合以创建交互式 Flash 动画,这也是 Flash 动画的特殊优势。

同时,Adobe Flash Professional CS5 创建软件简单易用,降低了动画的学习成本和制作成本,使越来越多的人能够投入到 Flash 动画创作中来。

本书涉及的主要内容有:

第 1 章介绍 Flash CS5 的基础知识,为动画创作打下基础。

第 2 章介绍 Flash CS5 的文本布局框架,可以制作出更加丰富的文本布局。

第 3 章介绍 Flash CS5 的逐帧动画创作方法。

第 4 章介绍利用 Flash CS5 如何制作补间形状动画。

第 5 章介绍利用 Flash CS5 如何制作传统补间动画。

第 6 章介绍利用 Flash CS5 如何制作沿路径运动的传统补间动画。

第 7 章介绍利用 Flash CS5 如何制作补间动画。

第 8 章介绍利用 Flash CS5 如何制作遮罩动画。

第 9 章介绍利用 Flash CS5 如何制作骨骼动画。

第 10 章介绍如何为动画添加媒体素材。

第 11 章介绍如何通过 ActionScript 程序代码来创建交互式动画。

本书具有以下特点:

(1) 突出应用技术,全面针对实际应用。在选材上,根据实际应用的需要,坚决舍弃现在用不上、将来也用不到的内容。在保证学科体系完整的基础上不过度强调理论的深度和难度。

(2) 本书在编排上力求由浅入深,循序渐进,举一反三,突出重点,运用口语化的语言,通俗易懂,讲求效率,内容经过多次提炼和升华,突出学习规律和学习技巧,是思维化的直接体现。

(3) 为方便学习,我们将为选用本书的读者免费提供书中实例的源代码及相关素材。

本书由李林、苏炳均任主编,负责全书的统稿工作,张贵红、门涛任副主编,其中第 1~3 章由张贵红编写,第 4、5、11 章由门涛编写,第 6~8 章由李林编写,第 9 章、

第 10 章由苏炳均编写。另外参加本书部分编写工作的还有陈建国、李彬、万晓云、胡志慧、刘毅、蔡宗吟、秦洪英、黄健等。

由于编者水平有限,加之时间仓促,书中难免存在疏漏甚至错误之处,恳请广大读者批评指正。

编　者

2014 年 1 月

目 录

第 1 章

Flash CS5基础入门

1.1 Flash 可以做什么

1. 动画

Flash 是美国的 Macromedia 公司于 1999 年 6 月推出的优秀网页动画设计软件。它是一种交互式动画设计工具,用它可以将音乐、声效、动画以及富有新意的界面融合在一起,以制作出高品质的网页动态效果,包括横幅广告、联机贺卡和卡通画等。

2. 游戏

许多游戏都是使用 Flash 构建的。游戏通常结合了 Flash 的动画功能和 ActionScript 的逻辑功能。Flash 游戏代表有:仙剑类《飘渺仙缘》、角色扮演《十年一剑》、策略类《三十六计》等。

3. 用户界面

许多 Web 站点设计人员习惯于使用 Flash 设计用户界面。它可以是简单的导航栏,也可以是复杂得多的界面,还可以是用户网站,Flash 网站又称纯 Flash 网站或者 Flash 全站,是指利用 Flash 工具设计网站框架通过 XML 读取数据的高端网站。与其他通过 HTML、PHP 或者 Java 等技术制作的网站不同,Flash 网站在视觉效果、互动效果等多方面具有很强的优势,被广泛地应用在房地产行业、汽车行业和奢侈品行业等高端行业等。

4. 灵活消息区

设计人员使用 Web 页中的这些区域显示可能会不断变化的信息,例如:餐厅 Web 站点上的灵活消息区域(FMA)可以显示每天的特价菜单。

5. 丰富 Internet 应用程序

它可以是一个日历应用程序、价格查询应用程序、购物目录、教育和测试应用程序,或者任何其他使用丰富图形界面提供远程数据的应用程序等。

1.2 Flash CS5 的操作界面

1. Flash 的发展简介

Flash 的前身叫做 FutureSplash Animator,由美国乔纳斯·盖伊在 1996 年夏季正式发行,并很快获得了微软和迪斯尼两大巨头公司的青睐,之后成为这两家公司的最大客户。

FutureSplash Animator 的巨大潜力吸引了当时实力较强的 Macromedia 公司的关注,

于是在 1996 年 11 月，Macromedia 公司仅用 50 万美元就成功收购了乔纳斯·盖伊的公司，并将 FutureSplash Animator 改名为 Macromedia Flash 1.0。

经过 9 年的升级换代，2005 年 Macromedia 公司推出 Flash 8.0 版本，同时 Flash 也发展成为全球最流行的二维动画制作软件，同年 Adobe 公司以 3.4 亿美元的价格收购了整个 Macromedia 公司，并于 2010 年发行 Flash CS5。从此 Flash 发展到了一个新的阶段。

2. Flash CS5 的界面介绍

（1）欢迎界面

启动 Flash CS5，进入如图 1-1 所示的初始用户界面，其中包括如下 5 个主要板块。

- "从模板创建"。从软件提供的模板创建新文档。
- "打开最近的项目"。快速打开最近一段时间使用过的文件。
- "新建"。新创建 Flash 文档。
- "扩展"。用于快速登录 Adobe 公司的扩展资源下载网页。
- "学习"。Adobe 公司为用户提供的学习资料。

图 1-1　初始用户界面

其中"新建"栏中 ActionScript 3.0 和 ActionScript 2.0 两个选项分别指新建文档使用的脚本语言种类。需要注意的是，Flash CS5 中的新功能只能在脚本语言为 ActionScript 3.0 的 Flash 文档中使用。

（2）操作界面

单击图 1-1 中的 ActionScript 3.0 选项，新建一个 Flash 文档，进入如图 1-2 所示的默认操作界面，Flash CS5 的操作界面由以下几部分组成：菜单栏、工具面板、时间轴、舞台、属性面板

（也称为"属性"检查器）等，如图 1-2 所示。

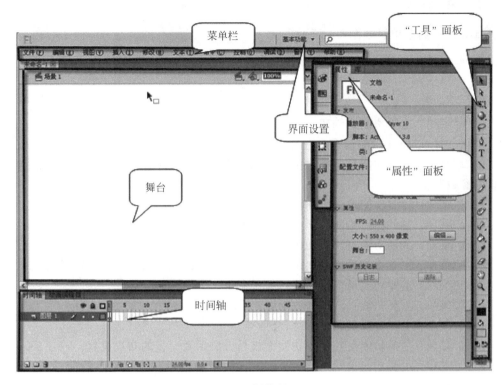

图 1-2 操作界面

Flash CS5 的界面较人性化，并提供了几个可供用户选择的界面方案，单击图 1-2 中的
"界面设置"选项即可选择界面方案，如图 1-3 所示。

单击"窗口"|"工作区"|"传统"命令，可以变化窗口为传统方式，如图 1-4 所示。

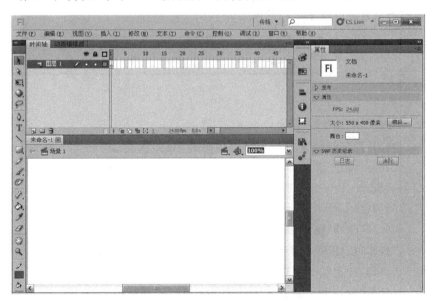

图 1-3 界面方案　　　　　　　　　　　　图 1-4 传统的窗口布局

1.2.1 菜单栏

Flash CS5 的菜单栏如图 1-5 所示。

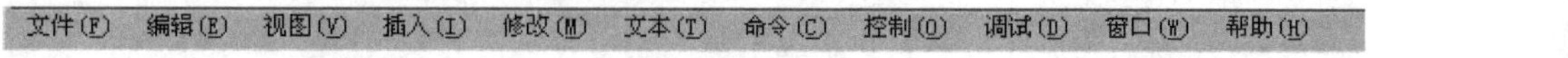

| 文件(F) 编辑(E) 视图(V) 插入(I) 修改(M) 文本(T) 命令(C) 控制(O) 调试(D) 窗口(W) 帮助(H) |

图 1-5 菜单栏

"文件"菜单：主要功能是创建、打开、保存、打印、输出动画，以及导入外部图形、图像、声音、动画文件，以便在当前动画中进行使用。

"编辑"菜单：主要功能是对舞台上的对象以及帧进行选择、复制、粘贴，以及自定义面板、设置参数等。

"视图"菜单：主要功能是进行环境设置。

"插入"菜单：主要功能是向动画中插入对象。

"修改"菜单：主要功能是修改动画中的对象。

"文本"菜单：主要功能是修改文字的外观、对齐以及对文字进行拼写检查等。

"命令"菜单：主要功能是保存、查找、运行命令。

"控制"菜单：主要功能是测试播放动画。

"调试"菜单：主要功能是调试影片、会话等。

"窗口"菜单：主要功能是控制各功能面板是否显示及面板的布局设置。

"帮助"菜单：主要功能是提供 Flash CS5 在线帮助信息和支持站点的信息，包括教程和 ActionScript 帮助。

1.2.2 主工具栏

为了方便使用，Flash CS5 将一些常用命令以按钮的形式组织在一起，置于操作界面的上方。选择"窗口"|"工具栏"|"主工具栏"命令，可以调出主工具栏，如图 1-6 所示，还可以通过拖动鼠标改变工具栏的位置。

图 1-6 主工具栏

"新建"按钮 ：新建一个 Flash 文件。

"打开"按钮 ：打开一个已存在的 Flash 文件。

Bridge 按钮 ：GWT Flash Bridge 在 Adobe Flex Bridge 的基础上，借助 GWT 提供的 JavaScript Overlay Type 和 Jsni 对其进行了封装，实现了在 GWT 环境下，使用 Java 语言访问和使用 Flash 平台上的功能。

"保存"按钮 ：保存当前正在编辑的文件，不退出编辑状态。

"打印"按钮 ：将当前编辑的内容送至打印机输出。

"剪切"按钮 ：将选中的内容剪切到系统剪贴板中。

"复制"按钮 ：将选中的内容复制到系统剪贴板中。

"粘贴"按钮 ：将剪贴板中的内容粘贴到选定的位置。

"撤销"按钮 ↶：取消前面的操作。

"重做"按钮 ↷：还原被取消的操作。

"贴紧至对象"按钮 ⬠：选择此按钮进入贴紧状态，用于绘图时调整对象准确定位；设置动画路径时能自动粘连。

"平滑"按钮 ↝：使曲线或图形的外观更光滑。

"伸直"按钮 ↜：使曲线或图形的外观更平直。

"旋转与倾斜"按钮 ↻：改变舞台对象的旋转角度和倾斜变形。

"缩放"按钮 ▣：改变舞台中对象的大小。

"对齐"按钮 ⬒：调整舞台中多个选中对象的对齐方式。

1.2.3　工具箱

工具箱提供了图形绘制和编辑的各种工具，分为"工具"、"查看"、"颜色"、"选项"4个功能区，如图1-7所示。选择"窗口"|"工具"命令，可以显示和隐藏"工具箱"。在默认工具箱中单击某个工具，可以将其选中。工具箱中还包含几个与可见工具相关的隐藏工具。工具图标右侧的箭头表明此工具下有隐藏工具。单击并按住工具箱内的当前工具，然后选择需要的工具，即可选定隐藏工具。

当指针位于工具上时，将出现工具名称和它的键盘快捷键，此文本称为工具提示。从界面首选项的"工具提示"菜单中选择"无"，可以关闭工具提示。

显示和选择隐藏工具，如图1-8所示。

在工具箱中，将指针置于包含隐藏工具的工具上方，然后单击鼠标按钮。当隐藏工具出现时，选择一个工具。

1. "工具"区

"工具"区提供选择、创建、编辑图形的工具。

图 1-7　工具栏

"选择工具" ▸：用于选择和移动舞台上的对象、改变对象的大小和形状等。允许用户选择文本和图形框架，并使用对象的外框来处理对象。如果单击将鼠标指针悬停在图像上时出现的内容手形抓取工具（圆环），则无须切换到"直接选择工具"就可以处理框架内的图像了。

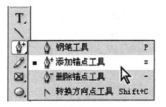

图 1-8　显示和选择隐藏工具

"部分选取工具" ▸：用于抓取、选择、移动和改变形状路径。允许用户选择框架的内容（例如置入的图形），或者直接处理可编辑对象（例如路径、矩形或已经转换为文本轮廓的文字）。

"任意变形工具" ▦：用于对舞台上选定的对象进行缩放、扭曲、旋转变形。

"3D旋转工具" ◓：用于在三个维度上对对象进行缩放、扭曲、旋转变形。

"套索工具" ◯：用于在舞台上选择不规则的区域或多个对象。

"钢笔工具" ：用于绘制直线和光滑的曲线,调整直线长度、角度及曲线曲率等。

"文本工具" **T** ：用于创建、编辑字符对象和文本窗体。

"线条工具" **＼** ：用于绘制直线段。

"矩形工具" **▭** ：用于绘制矩形向量色块或图形。

"铅笔工具" **✐** ：用于绘制任意形状的向量图形。

"刷子工具" **✎** ：用于绘制任意形状的色块向量图形。

"Deco 工具" **▨** ：用于自定义元件的绘图。

"骨骼工具" **↗** ：用于创建影片剪辑的骨架或向量形状的骨架。

"颜料桶工具" **◔** ：用于改变色块的色彩。

"吸管工具" **✐** ：用于将舞台图形的属性赋予当前绘图工具。

"橡皮擦工具" **⌫** ：用于擦除舞台上的图形。

2. "查看"区

"查看"区改变舞台画面以便更好地观察。

"手形工具" **✋** ：用于移动舞台画面以便更好地观察。

"缩放工具" **🔍** ：用于改变舞台画面的显示比例。

3. "颜色"区

"颜色"区选择绘制、编辑图形的笔触颜色和填充色。

"笔触颜色" **✐▇** ：用于选择图形边框和线条的颜色。

"填充色块" **◔▢** ：用于选择图形要填充区域的颜色。

"黑白按钮" **◨** ：用于系统默认的颜色。

"交换颜色按钮" **↔** ：用于可将笔触颜色和填充色进行交换。

4. "选项"区

不同工具有不同的选项,通过"选项"区为当前选择的工具进行属性选择。

1.2.4　时间轴

时间轴用于组织和控制文件内容在一定时间内播放。按照功能的不同,时间轴窗口分为左右两部分,分别为层控制区、时间线控制区,如图1-9所示。时间轴的主要组件是层、帧和播放头。

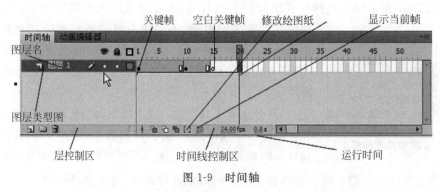

图 1-9　时间轴

1. 层控制区

层控制区位于时间轴的左侧。层就像堆叠在一起的多张幻灯胶片一样,每个层都包含一个显示在舞台中的不同图像。在层控制区中,可以显示舞台上正在编辑的作品所有层的名称、类型、状态,并可以通过工具按钮对层进行操作。

"插入图层"按钮 :增加新层。

"添加运动引导层"按钮 :增加运动引导层。

"插入图层文件夹"按钮 :增加新的图层文件夹。

"删除图层"按钮 :删除选定层。

"显示/隐藏所有图层"按钮 :控制选定层的显示/隐藏状态。

"锁定/解除锁定所有图层"按钮 :控制选定层的锁定/解除状态。

"显示所有图层的轮廓"按钮 :控制选定层的显示图形外框/显示图形状态。

2. 时间线控制区

时间线控制区位于时间轴的右侧,由帧、播放头和多个按钮及信息栏组成。与胶片一样,Flash 文档也将时间长度分为帧。每个层中包含的帧显示在该层名右侧的一行中。时间轴顶部的时间轴标题指示帧编号。播放头指示舞台中当前显示的帧。信息栏显示当前帧的编号、动画播放速率以及到当前帧为止的运行时间等信息。时间线控制区按钮的基本功能如下。

"帧居中"按钮 :将当前帧显示到控制区窗口中间。

"绘图纸外观"按钮 :在时间线上设置一个连续的显示帧区域,区域内的帧所包含的内容同时显示在舞台上。

"绘图纸外轮廓"按钮 :在时间线上设置一个连续的显示帧区域,除当前帧外,区域内的帧所包含的内容仅显示图形外框。

"编辑多个帧"按钮 :在时间线上设置一个连续的显示帧区域,区域内的帧所包含的内容可同时显示和编辑。

"修改绘图纸标记"按钮 :单击该按钮会显示一个多帧显示选项菜单,定义 2 帧、5 帧、全部帧的内容。

1.2.5 场景和舞台

"时间轴"上方是"工作区"和"舞台"。舞台是放置动画内容的矩形区域,这些内容可以是矢量插图、文本框、按钮、导入的位图图形或视频剪辑等,如图 1-10 所示。

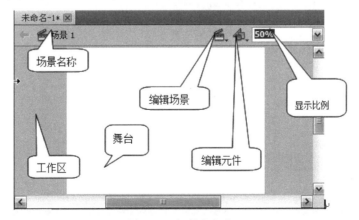

图 1-10 场景和舞台

工作时根据需要可以改变"舞台"显示的比例大小,可以在窗口右上角的"显示比例"文本框中设置显示比例,最小比例为8%,最大比例为2000%,在下拉菜单中有三个选项,"符合窗口大小"选项用来自动调节到最合适的舞台比例大小;"显示帧"选项可以显示当前帧的内容;"全部显示"选项能显示整个工作区中包括在"舞台"之外的元素,如图1-10所示。

在舞台上可以显示网格和标尺,帮助制作者准确定位。显示网格的方法是选择"视图"|"网格"|"显示网格",如图1-11所示。显示标尺的方法是选择"视图"|"标尺",如图1-12所示。在制作动画时,还常常需要辅助线来作为舞台上不同对象的对齐标准。需要时可以从标尺上向舞台拖动鼠标以产生绿色的辅助线,如图1-12所示,它在动画播放时并不显示。不需要辅助线时,从舞台上向标尺方向拖动辅助线来进行删除。还可以通过"视图"|"辅助线"|"显示辅助线"命令,显示出辅助线。通过"视图"|"辅助线"|"编辑辅助线"命令,修改辅助线的颜色等属性。

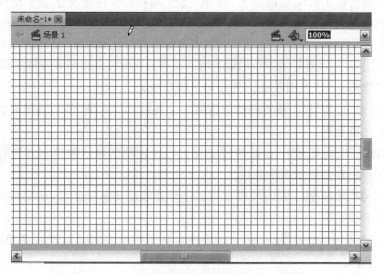

图1-11　网格线

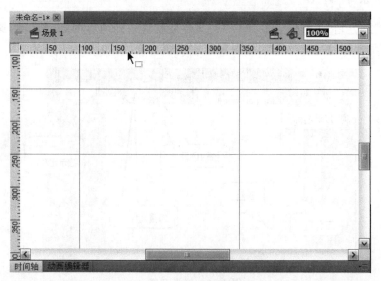

图1-12　标尺和辅助线

对于正在使用的工具或资源,使用属性面板可以很容易地查看和更改它们的属性,从而简化文档的创建过程。当选定单个对象时,如文本、组件、形状、位图、视频、组、帧等,"属性"面板可以显示相应的信息和设置,如图 1-13 所示。

图 1-13 "属性"面板

1.3 Flash CS5 基础

1.3.1 与 Flash 文档相关的文件类型

1. Flash 文件(.fla)

此类型的文件是所有项目的源文件,在 Flash 程序中创建。这种类型的文件只能在 Flash 中打开(而不是在 Dreamweaver 或浏览器中打开)。可以在 Flash 中打开 Flash 文件,然后将它导出为 SWF 或 SWT 文件以在浏览器中使用。

2. Flash SWF 文件(.swf)

此类型文件是 Flash(.fla)文件的压缩版本,已进行了优化以便于在 Web 上查看。可以在浏览器中播放并且可以在 Dreamweaver 中进行预览,但不能在 Flash 中编辑此文件。

3. Flash 模板文件(.swt)

此类型文件使用户能够修改和替换 Flash SWF 文件中的信息。这些文件用于 Flash 按钮对象中,使用户能够用自己的文本或链接修改模板,以便创建要插入在你的文档中的自定义 SWF。在 Dreamweaver 中,可以在 Dreamweaver\Configuration\Flash Objects\Flash Buttons 和 Flash Text 文件夹中找到这些模板文件。

4. Flash 元素文件(.swc)

此类型文件是一个 Flash SWC 文件,通过将此类文件合并到 Web 页,可以创建丰富的 Internet 应用程序。Flash 元素有可自定义的参数,通过修改这些参数可以执行不同的应用程序功能。

5. Flash 视频文件格式(.flv)

此类型文件是一种视频文件,它包含经过编码的音频和视频数据,用于通过 Flash Player 传送。例如,如果有 QuickTime 或 Windows Media 视频文件,可以使用一些工具将视频文件转换为 FLV 文件。

1.3.2 帧

时间轴由许多的小格组成,每一单元格代表一个帧,每个帧可以存放一幅图片,许多帧图片连续播放就是一个动画影片。制作动画时可以根据需要把单元格转化为帧、关键帧和空白关键帧。

1. 帧

插入帧可将前面的图形延长到这一帧来,但是不能在插入的这一帧中进行修改,如果修改就会修改到前面关键帧的图形,可通过以下方法插入帧:

- 按 F5 键延长关键帧或空白关键帧。
- 右击鼠标,在弹出的快捷菜单中选择"插入帧"命令。
- 选择"插入"|"时间轴"|"帧"命令。

2. 关键帧

插入关键帧也是将前面的图形延长到这一帧来,并可以在插入的这一帧中进行修改而不会修改到前面关键帧的图形,可通过以下方法插入关键帧:

- 按 F6 键插入关键帧。
- 右击鼠标,在弹出的快捷菜单中选择"插入关键帧"命令。
- 选择"插入"|"时间轴"|"关键帧"命令。

3. 空白关键帧

插入空白关键帧不能将前面的图形延长到这一帧来,相当于一张空白的纸,可以重新在上面作图,可通过以下方法插入空白关键帧:

- 按 F7 键插入空白关键帧。
- 右击鼠标,在弹出的快捷菜单中选择"插入空白关键帧"命令。
- 选择"插入"|"时间轴"|"空白关键帧"命令。

帧和关键帧在时间轴中出现的顺序,决定了它们在 Flash 应用程序中显示的顺序。可以在时间轴中排列关键帧,以便编辑动画中事件的顺序。

4. 在时间轴中处理帧

在时间轴中,可以处理帧和关键帧,将它们按需要的顺序进行排列。可以通过在时间轴中拖动关键帧来更改补间动画的长度。

可以对帧或关键帧进行如下修改。

(1)插入、选择、删除和移动帧或关键帧。

(2)将帧和关键帧拖到同一图层中的不同位置,或是拖到不同的图层中。

(3)复制和粘贴帧和关键帧。

(4)将关键帧转换为帧。

(5)从"库"面板中将一个项目拖动到舞台上,从而将该项目添加到当前的关键帧中。

5．插入帧

（1）选择"插入"|"时间轴"|"帧"命令，可以插入帧。也可以右击时间轴，在快捷菜单中插入帧。

（2）选择"插入"|"时间轴"|"关键帧"命令，可以插入关键帧。也可以右击时间轴，在快捷菜单中插入关键帧。

（3）选择"插入"|"时间轴"|"空白关键帧"命令，可以插入空白关键帧。也可以右击时间轴，在快捷菜单中插入空白关键帧。

6．选择帧

若要选择时间轴中的一个或多个帧，可以进行以下操作。

（1）要选择一个帧，单击该帧。

（2）要选择多个连续的帧，按住 Shift 键并单击其他帧。

（3）要选择多个不连续的帧，按住 Ctrl 键单击其他帧。

（4）要选择时间轴中的所有帧，可以选择"编辑"|"时间轴"|"选择所有帧"命令

也可以通过在时间轴上按住鼠标左键拖动的方式选择多个连续的帧。

7．删除或修改帧

要删除或修改帧或关键帧，可以进行以下操作之一。

（1）要删除帧、关键帧或帧序列，选择该帧、关键帧或帧序列，然后选择"编辑"|"时间轴"|"删除帧"命令，或者右键单击该帧、关键帧或帧序列，然后从上下文菜单中选择"删除帧"命令。周围的帧将保持不变。

（2）要移动关键帧或帧序列及其内容，将该关键帧或帧序列拖到希望成为序列的最后一个帧的那个帧位置。

（3）要延长关键帧动画的持续时间，按住 Alt 键拖动关键帧，将其拖动到希望成为序列的最后一个帧的那个帧位置。

（4）要通过拖动来复制关键帧或帧序列，按住 Alt 键单击并将关键帧拖到新位置。

（5）要复制和粘贴帧或帧序列，选择该帧或序列，然后选择"编辑"|"时间轴"|"复制帧"命令。选择想要替换的帧或帧序列，然后选择"编辑"|"时间轴"|"粘贴帧"命令。

（6）要将关键帧转换为帧，选择该关键帧，然后选择"编辑"|"时间轴"|"清除关键帧"命令，或者右键单击该关键帧，然后从上下文菜单中选择"清除关键帧"命令。所清除的关键帧以及到下一个关键帧之前的所有帧的舞台内容，将被所清除的关键帧之前的帧的舞台内容替换。

（7）要更改补间序列的长度，将开始关键帧或结束关键帧向左或向右拖动，以更改补间动画序列的长度。

要将项目从库中添加到当前关键帧中，应将该项目从"库"面板拖到舞台中。

8．延伸帧

在为动画制作背景的时候，通常需要制作一幅跨越许多帧的静止图像，此时就要在这个图层中插入延伸帧，新添加的帧中会包含前面关键帧中的图像。

将一帧静止图像延伸到其他帧中的具体步骤如下。

（1）在图层的第一个关键帧中制作一幅图像。

（2）选中该图层的另外一帧，按 F5 快捷键插入帧，或者右击，在弹出的快捷菜单中选择

"插入帧"命令,就可以将图像延伸到新帧的位置。

1.3.3　元件与实例

1. 元件

元件是在 Flash 中创建的图形、按钮或影片剪辑。一旦元件创建完成后,就可以在该文档或其他文档中重复使用了。创建的任何元件都会自动成为当前文档的库的一部分。

（1）图形元件

① 在没有选定任何对象时,选择"插入"|"新建元件"命令。

② 当"创建新元件"对话框打开后,在元件"名称"文本框中输入元件名称,在"类型"区域中选定"图形",如图 1-14 所示。

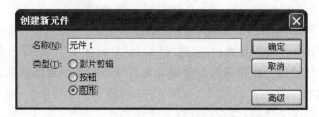

图 1-14　创建"图形"元件

③ 此时,Flash 将把图形元件加入库中,并切换到符号编辑状态。设置的图形元件名称将出现在当前场景的右侧,时间轴变成元件的时间轴,如图 1-15 所示。此时的所有操作都是针对图形元件进行的,直到单击场景名称回到场景编辑状态为止。

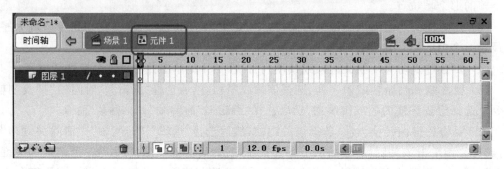

图 1-15　图形元件的时间轴

（2）按钮元件

① 在没有选定任何对象时,选择"插入"|"新建元件"命令。

② 当"创建新元件"对话框打开后,在元件"名称"文本框中输入元件名称,在"类型"区域中选定"按钮"。

③ 此时,Flash 将把按钮元件加入库中,并切换到符号编辑状态。设置的按钮元件名称将出现在当前场景的右侧,时间轴变成元件的时间轴,时间轴上有 4 个关键帧,如图 1-16 所示。此时的所有操作都是针对按钮元件进行的,直到单击场景名称回到场景编辑状态为止。

按钮元件的时间轴上的每一帧都有一个特定的功能。第一帧是弹起状态,代表指针没有经过按钮时该按钮的状态;第二帧是指针经过状态,代表指针滑过按钮时该按钮的外观;

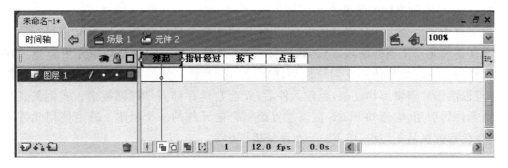

图 1-16 按钮元件的时间轴

第三帧是按下状态,代表单击按钮时该按钮的外观;第四帧是单击状态,定义响应鼠标单击的区域,此区域在 SWF 文件中是不可见的。

（3）影片剪辑元件

① 在没有选定任何对象时,选择"插入"|"新建元件"命令。

② 当"创建新元件"对话框打开后,在元件"名称"文本框中输入元件名称,在"类型"区域中选定"影片剪辑"。

③ 此时,Flash 将把影片剪辑元件加入库中,并切换到符号编辑状态。设置的影片剪辑元件名称将出现在当前场景的右侧,时间轴变成元件的时间轴。此时的所有操作都是针对影片剪辑元件进行的,直到单击场景名称回到场景编辑状态为止。

2．实例

实例是指位于舞台上或嵌套在另一个元件内的元件副本。实例可以与它的元件在颜色、大小和功能上差别很大。编辑元件会更新它的所有实例,但对元件的一个实例进行编辑则只更新该实例,如图 1-17 所示。

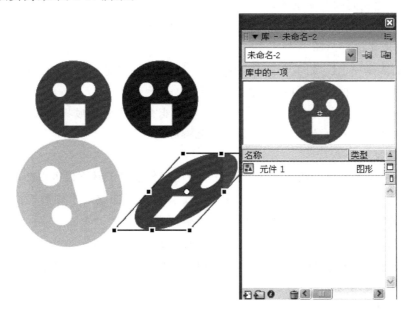

图 1-17 元件与实例

3. 元件与实例之间的关系

重复使用实例会增加文件的大小,而元件是使文档文件保持较小的策略中很好的一部分。元件还简化了文档的编辑,当编辑元件时,该元件的所有实例都相应地更新以反映编辑。元件的另一好处是使用它们可以创建完善的交互性。元件可以像按钮或图形那样简单,也可以像影片剪辑那样复杂,创建元件后,就会自动存储到"库"面板中。实例其实只是对原始元件的引用,它通知 Flash 在该位置绘制指定元件的一个副本。通过使用元件和实例,可以使资源更易于组织,使 Flash 文件变得更小。

1.3.4 选取对象

1. 选择工具

在 Flash 中绘图时,编辑过程中的首要工作就是要将所需要编辑的对象选中,然后再进行移动和改变形状等操作,使用选择工具就可以进行这些操作。选择对象时,可以只选择对象的笔触,也可以只选择其填充。选择对象时,"属性"检测器会显示该对象的笔触和填充、像素尺寸,以及该对象变形点的 X 和 Y 坐标等。另外,使用选择工具的三个附属工具,还可以对形状进行简单的编辑操作。

"选择工具" : 可以用它来抓取、选择、移动、和改变形状,它是使用频率最多的工具。

在对对象进行移动、旋转和大小调整之前,必须先选中它。被选对象很容易识别,笔触和填充有亮点,而组合或图符对象则被一个方框包围。可以选择任意多个对象,以便一次改动多个对象。可以单击工具栏中的选择工具或者按键盘上的 V 键来激活选择工具。

(1)常规选择

① 选择笔触、填充或者组合类对象,只需单击一次。

② 同时选择对象的笔触和填充,只需双击填充。

③ 选择颜色相同的交叉笔触,只需双击其中的一条。

④ 选择任意对象,分别单击需要选择的对象即可——选中。

(2)用选取框进行选择

用选取框选择一个区域的方法是:用 工具,到对象的左上角(或右下角),按下鼠标左键,拉出一个选框,框住需要被选中的对象即可。

注:组合类对象只有被选取框完全包围之后才能全部选中。形状对象则不同,可以选择形状对象在选取框里面的部分,而不选择其他部分。

2. 部分选取工具

曲线的本质是由节点与线段构成的路径。使用部分选取工具不仅可以抓取、选择、移动形状路径,而且可以改变形状路径。当使用绘图工具绘制好曲线的草图后,就可以使用"部分选取工具" 进行一些必要的修改,以使其符合要求。

"部分选取工具" 可以用来抓取、选择、移动和改变形状路径。

使用部分选取工具选中路径后,可以对其中的节点进行拉伸或者修改曲线,如图 1-18 所示。

3. 套索工具

"套索工具" 。需选中不规则区域时用套索工具,如图 1-19 所示。

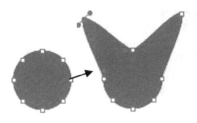

图1-18 部分选取工具变形路径

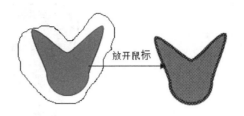

图1-19 用套索选中不规则形状

4. 选中帧来选择对象

若对象都在同一帧里面,并且要选中该帧中的所有内容,则可以单击该关键帧来选中该帧中的所有内容。如图1-20所示,该帧中包含此两个对象,单击该帧,则选中这两个对象。

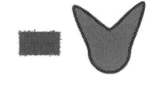

图1-20 选中帧则选中该帧中的所有对象

1.3.5 对对象的其他操作

1. 对象的复制

(1)选择一个或多个对象。

(2)选择"编辑"|"复制"命令。

(3)选择另一个图层或场景,然后使用"粘贴"命令,将选项粘贴到舞台上的同一个位置。

2. 对象的删除

若要删除对象,进行以下操作:

(1)选择对象。

(2)按下 Delete 键或选择"编辑"|"清除"命令。

3. 对象定位点的移动

所有的组、实例、文本和位图都有一个定位点,其主要的作用是定位和变形。在默认的情况下,每个对象的定位点就是对象实际的位置,可以将此定位点移动到舞台上的任何一个位置。

移动定位点的具体步骤如下:

(1)在舞台上选择图形对象。

(2)选择"修改"|"变形"|"任意变形"或者工具面板的"任意变形"工具,对象的中心就会变成一个小圆圈,它就是对象的定位点,然后可以根据需要将定位点拖至舞台上的任何一个位置,如图1-21所示。

图1-21 对象定位点

4. 排列对象

利用"对齐"面板中的各项功能,可以精确地对齐对象,"对齐"面板还有调整对象间距和匹配大小等功能。选择"窗口"|"对齐"命令,或者在顶部的工具栏中单击"对齐面板"按钮,即可打开"对齐"面板,如图1-22所示。

在"对齐"面板中有4类按钮,每个按钮上的方框都表示对象,而直线则表示对象对齐或隔开的基准线。下面分类说明各种对齐方式。任意绘制了4个形状,如图1-23所示。

图 1-22　对齐面板

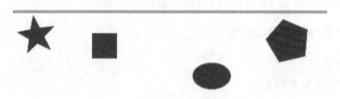

图 1-23　任意绘制的 4 个形状

（1）对齐

垂直对齐按钮可分别将对象向左、居中及向右对齐。水平对齐按钮可分别将对象向上、居中及向下对齐。选中 4 个形状，单击顶端对齐按钮 ，效果如图 1-24 所示。

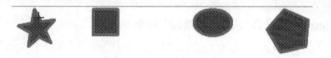

图 1-24　顶端对齐

（2）分布

垂直等距按钮可分别将对象按顶部、中点及底部在垂直方向等距离排列。水平等距按钮可分别将对象按左侧、中点及右侧在水平方向等距离排列。选中 4 个形状，单击左侧分布按钮 ，效果如图 1-25 所示。

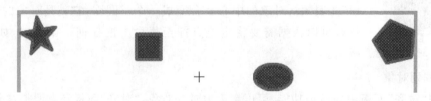

图 1-25　按左侧分布

（3）分配大小

可分别将对象进行水平缩放、垂直缩放及等比例缩放。其中最左边的对象是其他所有对象匹配的基准。选中 4 个形状，单击匹配宽度按钮 ，效果如图 1-26 所示。

图 1-26 匹配宽度效果

注意：不能选定"相对于舞台"选项。

（4）间隔

可以使对象在垂直方向或水平方向的间隔距离相等。选中 4 个形状，单击水平平均间隔按钮 ，效果如图 1-27 所示。

图 1-27 水平平均间隔

5. 变形对象

使用工具栏中的任意变形工具，或者选择"修改"|"变形"|"任意变形"命令，可以对图形对象、组、文本块和实例进行变形操作。根据所选元素的类型，可以任意变形、旋转、倾斜、缩放或扭曲该元素。在变形操作期间，可以更改或添加选择内容。在对对象、组、文本框或实例等进行变形时，该项目的"属性"检测器会显示对该项目的尺寸或位置所做的任何更改。

（1）缩放对象

缩放对象是将选中的图形对象按比例放大或缩小，也可以在水平或垂直方向分别放大或缩小对象。可以通过拖动来缩放对象，也可以通过在相关的面板中输入数值来缩放对象。

（2）扭曲对象

扭曲对象可以用鼠标拖住对象句柄任意改变对象的形状。

1.3.6 文档操作

1. 文档的新建

打开 Flash CS5 软件后，出现一个界面如图 1-28 所示。

一般使用"新建"|ActionScript 3.0 新建文件。也可以根据需要从模板中新建，或新建其他类型的文件。也可单击"文件"|"新建"，出现界面如图 1-29 所示。

2. 文档的测试

动画效果需要测试状态下或发布状态下才看得到，直接按 Enter 键可以单次测试动画，Ctrl＋Enter 组合键同时按下看到的效果和发布后看到的效果相同，均为循环播放动画效果。

3. 文档的保存

选择"文件"|"保存"命令，或按 Ctrl＋S 组合键保存文档，保存文档默认为.fla 类型。

4. 文档的发布

选择"文件"|"发布设置"命令，打开如图 1-30 所示的对话框，默认发布类型是.swf 和.html，若只需要发布成.swf 类型，只需去掉 HTML 前面的选项即可。

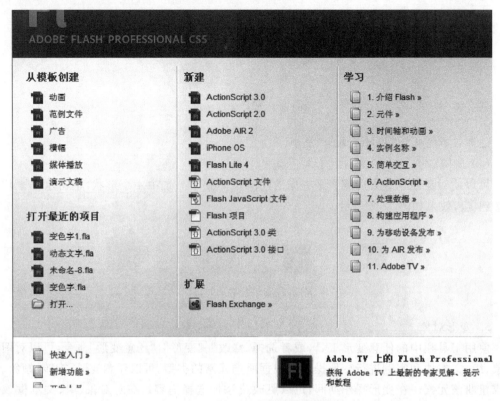

图 1-28　打开 Flash 后出现的界面

图 1-29　"新建文档"对话框

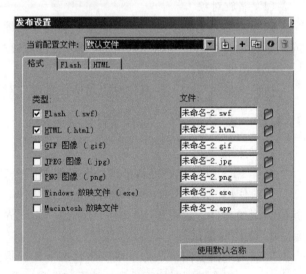

图 1-30　"发布设置"对话框

5. 文件的导入

在 Flash 中使用图片或视频，只能使用导入方式导入图片或视频。单击"文件"|"导入"，可以导入到舞台，也可以导入到库等待使用。

1.4 Flash CS5 工具的使用

在计算机绘图领域中,根据成图原理和绘制方法的不同,可分为矢量图和位图两种类型。

矢量图形是由一个个单独的点构成的,每一个点都有其各自的属性,如位置、颜色等。因此,矢量图与分辨率无关,对矢量图进行缩放时,图形对象仍保持原有的清晰度和光滑度,不会发生任何偏差,如图 1-31 所示是放大了 16 倍的矢量图效果。

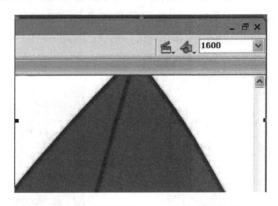

图 1-31 矢量图放大 16 倍时依然清晰

位图图像是由像素点构成的,像素点的多少将决定位图图像的显示质量和文件大小,位图图像的分辨率越高,其显示越清晰,文件所占的空间也就越大。因此,位图图像的清晰度与分辨率有关。对位图图像进行放大时,放大的只是像素点,位图图像的四周会出现锯齿状。如图 1-32 所示是放大了 16 倍的位图效果。

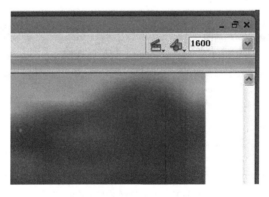

图 1-32 位图放大 16 倍时模糊不清

Flash CS5 具有强大的绘图功能,使用它可以创作出精美的图画。只要会使用鼠标,就可以绘画。但是 Flash CS5 毕竟不是专业的绘画软件,其绘图能力有限,无法与专业矢量绘图工具相提并论。使用 Flash CS5 基本绘画工具可以创建和修改图形,绘制自由形状以及规则的线条或路径,并且可以填充对象,还可以对导入的位图进行适当的处理。

1.4.1 线条工具、刷子工具和颜料桶工具的使用

线条工具是Flash中最简单的工具。现在我们就来画一条直线。鼠标单击"线条工具"按钮 ╱ ，移动鼠标指针到舞台上，在你希望直线开始的地方按住鼠标拖动，到结束点松开鼠标，一条直线就画好了。

"线条工具"能画出许多风格各异的线条来。打开"属性"面板，在其中，我们可以定义直线的颜色、粗细和样式，如图1-33所示。

在图1-33所示的"属性"面板中，单击其中的"笔触颜色"按钮 ▉，会出现一个调色板对话框，同时光标变成滴管状。用滴管直接拾取颜色或者在文本框里直接输入颜色的十六进制数值。颜色以♯开头，如♯99FF33，如图1-34所示。

图1-33 直线的属性面板

图1-34 笔触调试板

现在来画出各种不同的直线。单击"属性"面板中的"编辑笔触样式"按钮，会弹出一个"笔触样式"对话框，如图1-35所示。

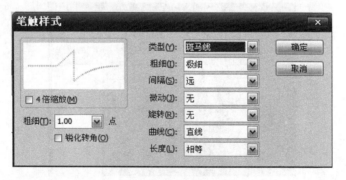

图1-35 "笔触样式"对话框

为了方便观察，我们把粗细定为3像素（pts），选择不同的线型和颜色，来看看我们画出的线条，如图1-36所示。

试一试改变它的各项参数，会对你的绘图有很大帮助。

使用"滴管工具" ✒ 和"墨水瓶工具" ▨ 可以很快地将一条直线的颜色样式套用到别的线条上。在"滴管工具"选项中单击上面

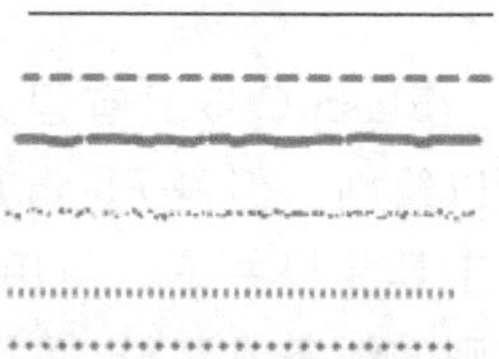

图1-36 不同类型的线条

的直线,看看"属性"面板,它显示的就是该直线的属性,而且工具也自动变成了"墨水瓶工具"。

在"墨水瓶工具"选项中单击其他线条,结果是:所有线条的属性都变成和滴管工具选中的直线一样了。

如果需要更改这条直线的方向和长短,Flash 也为我们提供了一个很便捷的工具即"箭头工具"。

"箭头工具"的作用是选择对象、移动对象、改变线条或对象轮廓的形状。单击"箭头工具",然后移动鼠标指针到直线的端点处,指针右下角变成直角状即,这时拖动鼠标可以改变直线的方向和长短,如图 1-37 所示。

如果鼠标指针移动到线条中任意处,指针右下角就会变成弧线状,拖动鼠标,可以将直线变成曲线。这是一个很有用处的功能,在我们鼠标绘图还不能随心所欲时,它可以帮助我们画出所需的曲线,如图 1-38 所示。

　　图 1-37　鼠标移到端点处　　　　　　图 1-38　鼠标移到线条中间

1.4.2　线条实例——绘制树叶

现在我们就来实践一下,练习画一片树叶。

打开 Flash 软件,新建文档,在这里我们不改变文档的属性,直接使用其默认值。

1. 绘制树叶图形

新建图形元件,单击"插入"|"新建元件"命令,或者按快捷键 Ctrl+F8,弹出"创建新元件"对话框,在"名称"文本对话框中输入元件名称"树叶","类型"选择"图形",单击"确定"按钮,如图 1-39 所示。

　　　　　　　　图 1-39　创建图形元件

这时工作区变为"树叶"元件的编辑状态,如图 1-40 所示。

在"树叶"图形元件编辑场景中,首先用"线条工具"画一条直线,"笔触颜色"设置为深绿色,属性设置如图 1-41 所示。并画直线,如图 1-42 所示。

图 1-40　"树叶"图形元件编辑场景

图 1-41　线条属性设置　　　　　　　　　图 1-42　画直线

然后用"箭头工具"将它拉成曲线,图 1-43 所示。

再用"线条工具"绘制一条直线,用这条直线连接曲线的两端点,如图 1-44 所示。

图 1-43　拉成曲线　　　　　　　　　　图 1-44　连接两端

用"箭头工具"将这条直线也拉成曲线,如图 1-45 所示。

一片树叶的基本形状已经出来了,现在我们画叶脉,在两端点间画直线,然后拉成曲线,如图 1-46 所示。

图 1-45　拉成曲线　　　　　　　　　　图 1-46　画叶脉线

再画旁边的细小叶脉,可以全用直线,也可以略加弯曲,这样,一片简单的树叶就画好了,如图 1-47 所示。

2. 编辑和修改树叶

如果在画树叶的时候出现错误,比如说,画出的叶脉不是你所希望的样子,可以执行"编辑"|"撤销"命令撤销前面一步的操作,也可以选择下面更简单的方法。用"箭头工具"单击你想要删除的直线,当这条直线变成网点状时,说明它已经被选取,你可以对它进行各种修改。要移动它,就按住鼠标拖动,要删除它,就直接按 Delete 键。按住 Shift 键连续单击线条,可以同时选取多个对象。如果要选取全部的线条,是否得按住 Shift 键挨个单击呢? 不需要,我们用黑色箭头工具拉出一个选取框来,就可以将其全部选中了,如图 1-48 所示。

图 1-47 完成效果图 图 1-48 框选对象

说明：在一条直线上双击，也可以将和这条直线相连并且颜色、粗细、样式相同的整个线条范围全部选取。

3. 给树叶上色

接下来我们要给这片树叶填上颜色。在工具箱中可以看到这个"颜色"选项，如图 1-49 所示。

图 1-49 "颜色"选项

单击"填充颜色"按钮 ，会出现一个调色板，同时光标变成吸管状，如图 1-50 所示。

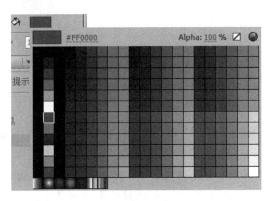

图 1-50 调色板

说明：除了可以选择调色板中的颜色外，还可以单击屏幕上任何地方吸取所需要的颜色。

如果觉得调色板的颜色太少不够选，单击一下调色板右上角的"颜色选择器"按钮 ，会弹出一个"颜色"对话框，其中有更多的颜色选项，能把选到的颜色添加到自定义颜色中，如图 1-51 所示。

在"自定义颜色"选项下单击一个自定义色块，该色块就会被虚线包围，在"颜色"对话框右边的"调色板"中单击喜欢的颜色，上下拖动右边颜色条上的箭头，移到需要的深浅度上，单击"添加到自定义颜色"按钮，这个色块就被收藏起来了。下一次要使用时，打开这个"颜色"面板，就可以在自定义色中可以方便地选取中意的颜色了。

好了，现在我们在调色板里选取绿色，单击工具箱里的"颜料桶工具"，在画好的叶子上单击一下，看到的效果如图 1-52 所示。

为什么只有一小块颜色？原来，这个颜料桶只能在一个封闭的空间里填色，需多单击几次完成所有填充，如图 1-53 所示。

图1-51 "颜色"对话框

图1-52 填充颜色　　　　　　　图1-53 颜色填充后的效果

　　至此,一个树叶图形就绘制好了。执行"窗口"|"库"命令,打开"库"面板,将发现"库"面板中出现一个"树叶"图形元件,如图1-54所示。

　　说明:"库"面板是存储Flash元件的场所,创建的元件对象以及从外部导入的图像、声音等对象都保存在这里,这里的元件可以拖放到场景中重复使用。

　　4. "颜料桶工具"选项

　　单击"颜料桶工具"后,在工具箱下边的"选项"里有4个选项,可以根据自己的需要来确定,如图1-55所示。

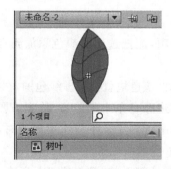　　　　　　　　

图1-54 "库"面板中的"树叶"图形元件　　　图1-55 颜料桶工具选项

　　说明:"颜料桶工具"是对某一区域进行单色、渐变色或位图进行填充,注意不能作用于线条。选择"颜料桶工具"后,在"工具箱"下边的"选项"中单击"空隙大小"按钮,会弹出4个选项,如图1-55所示。其中,"不封闭空隙"表示要填充的区域必须在完全封闭的状态下才能进行填充。"封闭小空隙"表示要填充的区域在小缺口的状态下可以进行填充。"封闭中等空隙"表示要填充的区域在中等大小缺口状态下进行填充。"封闭大空隙"表示要填充的区域在较大缺口状态下也能填充。但在Flash中,即使中大缺口,值也是很小的,所以要对大的不封闭区域填充颜色,一般用笔刷。

5. 刷子工具的使用

"刷子工具"按钮 可以随意地画色块。当单击工具箱中的"刷子工具"按钮后,工具箱下边就会显示它的"选项",我们先看看它的"选项",如图1-56所示。

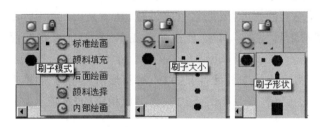

图1-56 刷子工具选项

在这里可以选定画笔的大小和样式以及它的填色模式。读者可以自己选取不同的大小和样式练习练习,先找一找感觉。

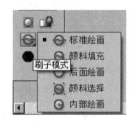

下面利用刚刚画成的树叶来详细讲解它的填色模式。在如图1-57所示的"选项"下单击"填充模式"按钮,则弹出填充模式下拉列表,如图1-57所示。

图1-57 刷子的填色模式

(1)标准绘画

选择"刷子工具",并将"填充颜色"设置为黄色,当然也可以是其他颜色。先选择"标准绘画"模式,移动笔刷(当选择了"刷子工具"后,鼠标指针就变为刷子形状)到舞台的树叶图形上,拖动鼠标在叶子上乱抹几下,观察一下效果,如图1-58所示。

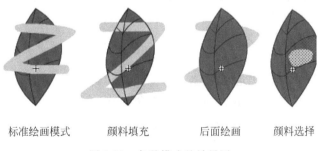

标准绘画模式　　　颜料填充　　　后面绘画　　　颜料选择

图1-58 各种模式的效果图

你能发现,不管是线条还是填色范围,只要是画笔经过的地方,都变成了画笔的颜色。

(2)颜料填充

选择"颜料填充"模式,它只影响了填色的内容,不会遮盖住线条。

(3)后面绘画

选择"后面绘画"模式,无论你怎么画,它都在图像的后方,不会影响前景图像。

（4）颜料选择

选择"颜料选择"模式，你先用画笔抹几下，好像丝毫不起作用。这是因为我们没有选择范围。用"箭头工具"选中叶片的一块，再使用画笔，颜色就画上去了。

（5）内部绘画

选择"内部绘画"模式，在绘画时，画笔的起点必须是在轮廓线以内，而且画笔的范围也只作用在轮廓线以内，若在轮廓线外，则会把线外部分认为是内部，如图1-59所示。

6. 绘制树枝

现在我们要把这孤零零的一片树叶组合成树枝。

如果用这么一模一样的树叶，要把它组成树枝，是不是很难看呢？Flash提供了一个很好的工具即"任意变形工具" 。利用"任意变形工具"我们可以将前面绘制的那个树叶改变成需要的形状。

"任意变形工具"可以旋转缩放元件，也可以对图形对象进行扭曲、封套变形。当在工具箱中选择"任意变形工具"后，工具箱的下边就会出现相应的"选项"，如图1-60所示。

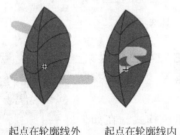

起点在轮廓线外　　起点在轮廓线内

图1-59　内部绘画　　　　　　　图1-60　任意变形工具选项

说明："任意变形工具"的"选项"中共包括5个按钮，从上向下依次是"贴紧至对象"、"旋转与倾斜"、"缩放"、"扭曲"和"封套"。可以用鼠标指向这些按钮，相应的按钮功能就会显示出来。另外，当选择了"任意变形工具"后，"选项"中的按钮并不是马上都被激活了，除了"对齐对象"按钮，其他按钮都是灰色显示的，只有在场景中选择了具体的对象以后，其他4个按钮才会变成可用状态。

新建一个图形元件，命名为"三片树叶"。

（1）旋转树叶

从"库"面板中选中"树叶"元件，拖动画好的"树叶"到"三片树叶"中，选择"任意变形工具"后，单击舞台上的树叶，这时树叶被一个方框包围着，中间有一个小圆圈，这就是变形点，进行缩放旋转时，就以它为中心，如图1-61所示。

这个点是可以移动的。将光标移近它，光标下面会多了一个圆圈，按住鼠标拖动，将它拖到叶柄处，需要它绕叶柄旋转，如图1-62所示。

再把鼠标指针移到方框的右上角，鼠标变成圆弧状 ，表示这时就可以进行旋转了。向下拖动鼠标，叶子绕控制点旋转，到合适位置松开鼠标，效果如图1-63所示。

（2）复制树叶

用"箭头工具"单击舞台上的树叶图形，执行"编辑"|"复制"命令，然后再执行"编辑"|"粘贴"命令，这样就复制得到了一个同样的树叶，如图1-64所示。

图 1-61 变形点

图 1-62 拖动变形点到叶柄处

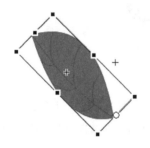

图 1-63 旋转后的树叶

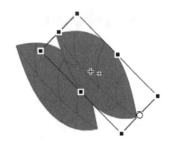

图 1-64 复制树叶

（3）变形树叶

将粘贴好的树叶拖到旁边，再用"任意变形工具"进行旋转。使用"任意变形工具"时，也可以像使用"箭头工具"一样移动树叶的位置。

拖动任一角上的缩放手柄，可以将对象放大或缩小。拖动中间的手柄，可以在垂直和水平方向上放大缩小，甚至翻转对象。请你将树叶适当变形，如图 1-65 所示。

说明："任意变形工具"的各项功能也可以使用菜单栏中的"修改"|"变形"命令来实现。

（4）创建"三片树叶"图形元件

再复制一张树叶出来，用"任意变形工具"将三片树叶调整成如图 1-66 所示的形状。若鼠标拖放不能对齐，就用键盘上的上、下、左、右光标键做微移。

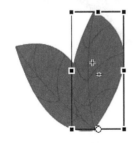

图 1-65 旋转、缩放对象

图 1-66 树叶组合

（5）绘制树枝

请注意，以上的绘图操作都是在"树叶"编辑场景完成的，现在返回到主场景即场景 1。单击时间轴右上角的"场景 1"按钮，如图 1-67 所示。

单击"刷子工具" ，选择"画笔形状"为圆形，大小自定，选择"后面绘画"模式，移动鼠标指针到场景中,画出树枝形状,如图 1-68 所示。

場景 1 📄 树叶

图 1-67 切换到"场景 1"

图 1-68 画出树枝

（6）组合树叶和树枝

执行"窗口"|"库"命令,或者使用快捷键 Ctrl＋L 打开"库"面板,可以看到,"库"面板中出现两个图形元件,这两个图形元件就是前面绘制的"树叶"图形元件和"三片树叶"图形元件,如图 1-69 所示。

单击"树叶"图形元件,将其拖放到场景的树枝图形上,用"任意变形工具"进行调整。元件"库"里的元件可以重复使用,只要改变它的长短、大小、方向就能表现出纷繁复杂的效果来,完成效果如图 1-70 所示。

图 1-69 元件库

图 1-70 完成后的树枝效果

1.4.3 椭圆工具和矩形工具的使用

在舞台上拖动"椭圆工具" ◯ 可以画出椭圆和圆形,拖动"矩形工具" ▢ 可以创建方角或圆角的矩形。在"属性"面板里可以设定填充的颜色及外框笔触的颜色、粗细和样式,和"直线工具"的属性设置一样。

单击"矩形工具",在"属性"面板里,将"笔触颜色"为黑色,"粗细"为 1 像素,"笔触样式"为圆点,"填充颜色"为绿色,在舞台上拖动鼠标。效果还行吧?试试用同样的方法画矩形。记住,按住 Shift 键拖动时可以将形状限制为圆形和正方形。

利用"矩形工具"还可以绘制圆角的矩形。"矩形工具"中"圆角矩形"的角度可以这样设定,如图1-71所示。

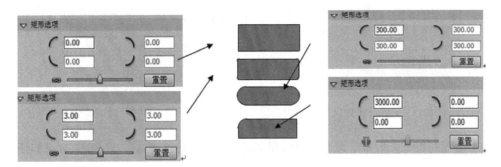

图1-71 不同的圆角矩形

在其中的"边角半径"中填入数值,使矩形的边角呈圆弧状。如果值为零,则创建的是方角。输入一个角的半径,则4个角的半径都会相应变化,单击 按钮,变为 ,则输入一个角的半径值,其他几个角不变。单击 重置 按钮,则几个角的半径全部归零。若半径设置为负数,则圆角内凹,如图1-72所示。

图1-72 圆角半径为负数

单击"矩形工具" 右下角的三角形,会出现如图1-73所示的扩展选项,选择 "多角星形工具",在"属性"面板里可以设置多边形边的数量和形状。在"属性"面板中单击"选项"按钮,会出现的"工具设置"对话框,如图1-74所示。

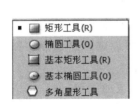

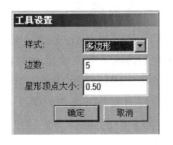

图1-73 矩形扩展工具　　　图1-74 "工具设置"对话框

单击矩形扩展工具中的"多角星形工具",可以在"工具设置"对话框中定义多边形的边数,数值介于3~32之间,超过32时,还是只有32边。

下面是用不同样式和颜色随意画出的图案,如图1-80所示。可以选择不同颜色不同样式多画些图形以加深印象。

步骤如下。

（1）设置属性，如图1-75所示，导入素材中的草坪.jpg，椭圆工具属性如图1-76所示，画出一个椭圆草坪。

图1-75　颜色面板设置

图1-76　椭圆属性设置

（2）绘制树叶，选择多角星形工具，属性设置如图1-77所示，设置其选项如图1-78所示。

图1-77　多角星形工具属性设置

图1-78　多角星形工具选项设置

（3）绘制树干，选择矩形工具，属性设置如图1-79所示。

其他属性就不再一一列出，读者自己随意绘制，以加深印象。

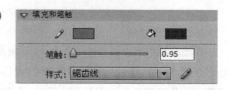

图1-79　矩形工具属性设置

1.4.4　钢笔工具的使用

使用钢笔工具与铅笔工具有很大的差别。使用铅笔工具绘制一条线要按下、拖曳，然后松开；而使用钢笔工具则是单击确定一个点，再按下就确定另外一个点，直到双击才停止画线。钢笔工具可以用来添加路径点帮助编辑路径，也可以删除路径点使路径变得平顺。不过使用钢笔工具绘制的线是不能用铅笔工具来编辑的。

"钢笔工具"用于手动绘制路径，可以创建直线或曲线段，然后可以调整直线段的角度和长度以及曲线段的斜率，是一种比较灵活的形状创建工具。

选中钢笔工具，然后在舞台上单击鼠标，确定贝塞尔曲线上的节点位置，就可以创建路径了。路径由贝塞尔曲线构成，贝塞尔曲线是具有节点的曲线，通过节点上的控制手柄可以调整相邻两条曲线段的形状。

用钢笔工具绘制如图1-81所示的图形：在右边一条线上，用添加锚点工具添加一个锚点，并拖动该锚点（也可以使用角点转换工具，拖曳该锚点），拉出节点上的控制手柄，调整曲线形状，如图1-82所示。

图 1-80 使用几个基本工具绘制的图案

用部分选取工具 ，拖动控制柄，变形曲线，如图 1-83 所示。

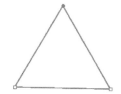 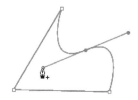 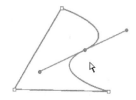

图 1-81 钢笔工具绘图　　图 1-82 添加锚点拉出控制柄　　图 1-83 部分选取工具拖动控制柄

钢笔工具应用举例　绘制苹果。

（1）单击菜单"视图"|"网格"|"编辑网格"，出现如图 1-84 所示的"网格"设置对话框，设置网格参数。

（2）设置笔触样式如图 1-85 所示，在编辑区用钢笔工具绘制如图 1-86 所示的苹果的雏形，用钢笔工具和添加锚点工具，以及部分选取工具调整该雏形的形状，得到如图 1-87 所示的形状。

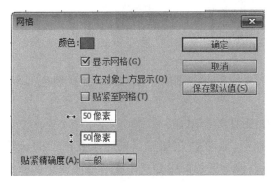

图 1-84 设置网格　　　　　　　　　　　　图 1-85 设置填充和笔触属性

（3）设置笔触工具属性如图 1-88 所示，绘制一个线段在苹果的茎秆，用选择工具变形该线段，如图 1-89 所示。

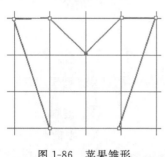

图 1-86　苹果雏形

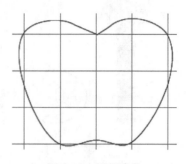

图 1-87　调整路径

图 1-88　绘制"茎秆"笔触属性

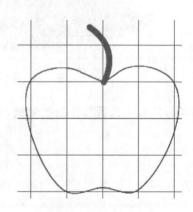

图 1-89　绘制茎秆

（4）至此，苹果的基本形状已经画好了，用选取工具选定所有内容，右击鼠标，选定"转换为元件"，弹出如图 1-90 所示的对话框，输入该元件名称，选择类型为图形。

图 1-90　转换为元件

（5）双击该元件，进入元件编辑器，如图 1-91 所示，选择颜料桶工具，打开颜色面板，设置如图 1-92 所示。

填充苹果颜色，使用渐变变形工具，如图 1-93 所示。

（6）拖动 按钮，可以调整渐变色的长半径，拖动 按钮可以同时改变渐变的长短半径，拖动 按钮可以旋转渐变色，拖动 可以改变渐变色的中心点。变形后的效果如图 1-94 所示，完成后的苹果效果如图 1-95 所示。

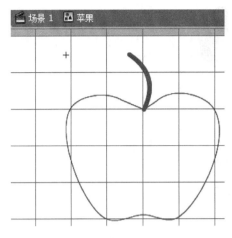

图 1-91 苹果元件编辑器

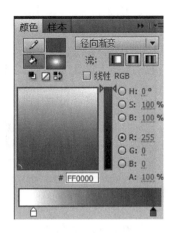

图 1-92 设置苹果颜色

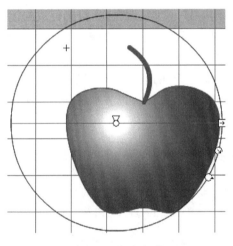

图 1-93 渐变变形

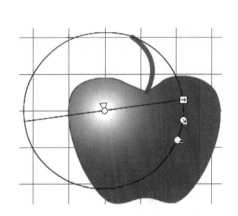

图 1-94 调整渐变变形后的效果

（7）回到场景1中，使用任意变形工具对苹果实例进行变形、复制、粘贴，使用选取工具拖动各个实例，放置如图 1-96 所示，使用任意变形工具对各个实例进行缩放、变形、旋转等操作，效果如图 1-97 所示。

图 1-95 苹果的最后效果

图 1-96 多个苹果实例叠放效果

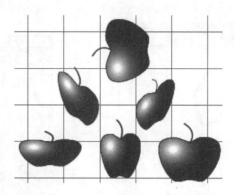

图 1-97　对各实例变形的效果

1.4.5　Deco(装饰性绘画)工具的使用

在选择 Deco 绘画工具后,可以从属性检查器中选择效果,其中包含以下 13 种效果。

- 藤蔓式填充:利用藤蔓式填充效果,可以用藤蔓式图案填充舞台、元件或封闭区域。通过从库中选择元件,可以替换叶子和花朵的插图。生成的图案将包含在影片剪辑中,而影片剪辑本身则包含组成图案的元件。

绘制一个图形元件"花",如图 1-98 所示,再绘制一个图形元件"叶子",如图 1-99 所示,在场景中,绘制一个空心红色矩形框,选择 Deco 工具,属性面板设置如图 1-100 所示,单击矩形框内部,效果如图 1-101 所示。

图 1-98　花

图 1-99　叶子

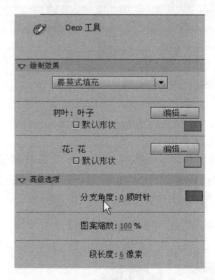

图 1-100　属性设置

- 网格填充:使用网格填充效果,可以用库中的元件填充舞台、元件或封闭区域。将网格填充绘制到舞台后,如果移动填充元件或调整其大小,则网格填充将随之移动或调整大小。

选择 Deco 工具,设置属性如图 1-102 所示,在场景 1 中用矩形工具,绘制了一个空心矩形,单击空心矩形内部,效果如图 1-103 所示。

图 1-101　藤蔓式填充

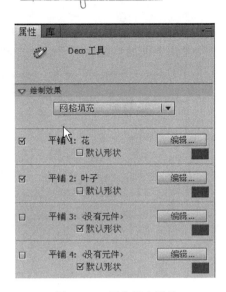

图 1-102　网格填充属性

- 对称刷子：使用对称刷子效果，可以围绕中心点对称排列元件。在舞台上绘制元件时，将显示一组手柄。可以使用手柄通过增加元件数、添加对称内容或者编辑和修改效果的方式来控制对称效果。设置 Deco 工具属性如图 1-104 所示，单击场景 1，效果如图 1-105 所示，调整手柄，可以获得的效果如图 1-106 所示。

图 1-103　网格填充效果

图 1-104　对称刷子属性设置

图 1-105　对称刷子效果

图 1-106　拖动手柄

- 装饰性刷子：通过应用装饰性刷子效果，用户可以绘制装饰线，如图 1-107 所示，就是用不同的装饰性刷子绘制的效果。

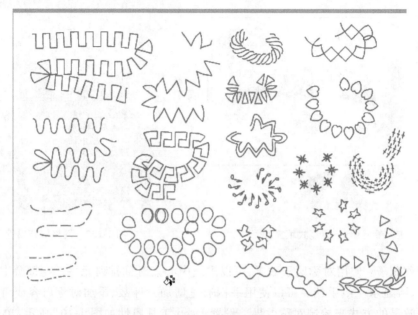

图 1-107　装饰性刷子

- 火焰动画：火焰动画效果用以创建程式化的逐帧火焰动画。
- 火焰刷子：借助火焰刷子效果，用户可以在时间轴的当前帧中的舞台上绘制火焰。
- 花刷子：借助花刷子的效果，用户可以在时间轴的当前帧中绘制程式化的花。如图 1-108 所示，从上到下分别为园林花，玫瑰，一品红，浆果 4 种类型。

图 1-108　花刷子

- 闪电刷子：通过闪电刷子效果，用户不仅可以创建闪电，还可以创建具有动画效果的闪电。
- 粒子系统：使用粒子系统效果，可以创建火、烟、水、气泡及其他效果的粒子动画。
- 烟动画：烟动画效果用以创建程式化的逐帧烟动画。
- 树刷子：通过树刷子效果，用户可以快速创建树状插图。

用各种类型的树刷子绘制的树林如图1-109所示。

图 1-109 树刷子

1.4.6 绘制骏马

下面利用已经学会的基础工具来绘制一匹骏马，效果如图1-110所示。

图 1-110 骏马

步骤如下。

（1）先把骏马分为 17 个部分，如图 1-111 所示，包括头、颈、鬃毛、身体、左前大腿、左前小腿、左前蹄、右前大腿、右前小腿、右前蹄、左后大腿、左后小腿、左后蹄、右后大腿、右后小腿、右后蹄、尾。

图 1-111　分解马为 17 个部分

（2）单击"文件"|"新建"创建一个新文件，保存为"马.fla"文档。

（3）把图层 1 更名为"头"，用"椭圆工具"设置笔触和填充颜色都为黑色。绘制一个椭圆，用"任意变形工具"旋转椭圆，用"部分选取工具"和"选择工具"调整椭圆形状，调整出马头的形状，如图 1-112 所示。

（4）新建图层，更改图层名为"颈"，再用"矩形工具"，绘制一个矩形，用"任意变形工具"旋转矩形，用"部分选取工具"和"选择工具"调整矩形形状，调整出马颈的形状，连到马头上，如图 1-113 所示。

图 1-112　马头　　　　　　　　　　图 1-113　马的头颈

（5）新建图层，更改图层名为"身体"，再用"矩形工具"绘制一个矩形，用"任意变形工具"旋转矩形，用"部分选取工具"和"选择工具"调整矩形形状，调整出马身的形状，连到马颈上，如图 1-114 所示。

（6）新建图层，更改图层名为"左前大腿"，再用"椭圆工具"，绘制一个椭圆，用"任意变形工具"旋转椭圆，用"部分选取工具"和"选择工具"调整椭圆形状，调整出大腿的形状，连到马身上，如图 1-115 所示。以此类推绘制出小腿和蹄。再绘制出其他三条腿的形状，如图 1-116 所示。

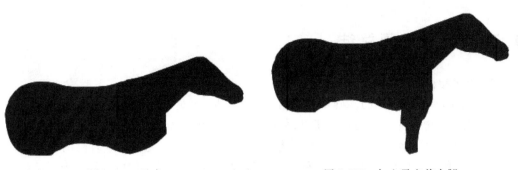

图 1-114　马身　　　　　　　　　　图 1-115　加上马左前大腿

图 1-116　画上了 4 条腿

（7）用"画笔"工具设置属性，笔触颜色和填充颜色都为黑色，笔触为 0.1 像素，把显示比例设置为 300％，这样方便更细致地绘画，一根根地画出马尾的长毛，注意每笔要顺畅，最好不要半途加笔。

（8）再用画笔画出马头顶和颈上的鬃毛。这样就大功告成了，如图 1-117 所示。图层效果如图 1-118 所示。

图 1-117　添加上了马尾和马鬃　　　　　　图 1-118　最后的图层效果

1.5　Flash 绘画总结

1. 电脑绘画基础

电脑绘画和普通绘画的基础基本是相同的。但是,工具始终是工具,得花一定的时间去熟悉它,去学习电脑绘画的技巧。所以,有的人没学过普通绘画,依然在电脑绘画上有一定的突破,这也是很正常的,所谓熟能生巧就是这个道理。所以,无须在意自己的普通绘画基础。但假如有普通绘画基础,那就更好了,普通绘画基础能提供给您电脑绘画上无法学会的一些东西,而且绝对能够把您带到一个更高的层次。

2. 电脑绘画水平如何提高

很多人在想,我怎么提高啊,我怎么才能画得亮啊,怎么才能不脏啊? 其实当我们这样问的时候,我们问一下自己,我们花了多少时间去学画画? 若我们都像学普通绘画的,画个几年甚至十几年,保持谦虚、谨慎、认真的态度去画,认真去画,总会提高的。不认真地画,永远都画不好。

3. 电脑绘画如何和普通绘画结合

电脑绘画是特殊的绘画,普通绘画和之相对而言,在材料、在光、在人的感受上,都完全不同,所以这两种绘画方式又是相互联系的,那就是: 都是绘画,方式是相同的,方法和材料、工具不相同而已,所以,假如有时间,建议认真地学习素描、色彩、结构这些理论知识,这样会让您在电脑绘画上提高一大截。

第 **2** 章

Flash CS5 文字动画

从 Flash CS5 开始,用户可以使用新文本引擎——文本布局框架(TLF)——向 FLA 文件添加文本,TLF 支持更丰富的文本布局功能和文本属性的精细控制。用户可以选择使用 TLF 文本或者传统文本工具,为文档中的标题、标签或者文本框添加文本。

2.1 文本工具概述

2.1.1 文本工具的相关概述

文本工具 **T** 有两种:FLF 文本和传统文本。

- TLF 文本又分为:只读、可选、可编辑。TLF 文本不支持 PostScript Type1 字体,仅支持 OpenType 和 TrueType 字体。

创建只读文本,当作为 SWF 文件发布时,文本无法选中或编辑。

创建可选文本,当作为 SWF 文件发布时,可以选中文本,并可复制到剪贴板,但是不能编辑。对于 TLF 文本工具,此设置是默认设置。

创建可编辑文本,当作为 SWF 文件发布时,可以选中和编辑文本。

- 传统文本分为:静态文本、动态文本、输入文本。

创建静态文本时,可以将文本放在单独的一行中,该行会随着输入的文本而扩展;或者将文本放在定宽的文本块(适用于水平文本)或定高的文本块(适用于垂直文本)中,文本块会自动扩展并自动换行。

在创建动态文本或输入文本时,可以将文本放在单独的一行中,或创建定宽和定高的文本块。

2.1.2 利用文本工具输入文字

1. 使用传统文本工具创建文本

单击文字工具 **T**,设置属性如图 2-1 所示。

通常,单击产生的文本输入框会随着文字的增加而延长,如果需要换行,可以按 Enter 键,如图 2-2 所示。而拖曳产生的文本输入框则是固定宽度的,文字会自动换行。如果要取消宽度设置,双击输入框右上角的小方块则会回到默认状态,如图 2-3 所示;而要从默认状态转换成固定宽度输入形式,只需要用鼠标拖曳那个小圆圈,然后移到适当的位置即可。

图 2-1　传统文本工具属性

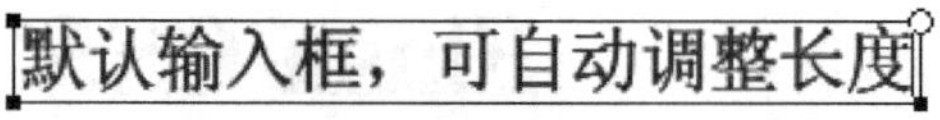

图 2-2　默认输入框

图 2-3　固定宽度输入框

2. 使用 TLF 文本工具创建文本

单击文字工具 **T**,设置属性如图 2-4 所示。

在场景 1 中,拖曳鼠标,拉出一个矩形框,则限定了输入框的高度和宽度,输入文本如图 2-5 所示,双击小方块,则该输入框转换为默认输入框,若在场景中单击鼠标,输入文本,则生成默认输入框,如图 2-6 所示,双击右下角的小圆圈,转换为定宽定高输入框。

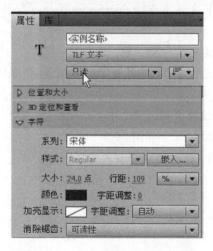

图 2-4　TLF 文本输入工具属性设置

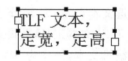

图 2-5　定宽定高输入框

图 2-6　默认输入框

2.1.3　文本制作实例——霓虹灯文字

(1) 选择"文件"|"新建",创建一个新文件,保存为"霓虹灯文字.fla"文档。

(2) 选择文字工具,设置属性如图 2-7 所示,在舞台上输入文字"霓虹灯文字"。

(3) 使用"选择工具"选择输入的文字。

（4）选择两次"修改"|"分离"命令或按 Ctrl＋B 键,将文字分离成图形,如图 2-8 所示。

（5）使用墨水瓶工具,单击文字各个部分,给文字描边,如图 2-9 所示。

图 2-8 打散文字

图 2-7 文字工具属性

图 2-9 墨水瓶工具描边

（6）按 Delete 键,删除文字图形,只留下文字的边框图形,如图 2-10 所示。

（7）使用选择工具选择边框图形,然后选择"修改"|"形状"|"将线条转换为填充"命令,将文字线条转换为填充图形,如图 2-11 所示。

图 2-10 删除文字填充

图 2-11 将线条转换为填充

（8）选择"修改"|"形状"|"柔化填充边缘"命令,弹出"柔化填充边缘"对话框,设置如图 2-12 所示,单击"确定"按钮,效果如图 2-13 所示。

图 2-12 "柔化填充边缘"对话框

图 2-13 柔化边缘效果

（9）使用颜料桶工具,选择填充色为色谱线性渐变,效果如图 2-14 所示,用颜料桶单击文字的空心部分,则效果如图 2-15 所示。

图 2-14 设置颜料桶工具效果

图 2-15 用颜料桶单击文字的空心部分

2.2　设置字符属性

在 Flash CS5 中,可以通过"文本"菜单命令或"属性"面板调节文字的外观,包括大小、字体、字距及上下标,还有段落的设置、文字类型的选择等。

2.2.1　相关知识

1. TLF 文本字符属性

选择文字工具,在"属性"检测器中选择"TLF 文本"选项,字符属性如图 2-16 所示。

(1)"加亮显示"按钮 ![图标],用于加亮颜色。

(2)"旋转"下拉列表,用以旋转各个字符。为不包含垂直布局信息的字体指定旋转选项,可能出现非预期的效果。

(3)"下划线"、"删除线"、"上标"、"下标"按钮 T̲ 、T̶ 、T' 、T₁,用于在字符下方添加一条水平线,在字符中间添加删除线,设置字符上标、下标。

只有选定了舞台上的文字对象后,在"属性"检测器中选择"TLF 文本"选项,才会出现高级字符属性,如图 2-17 所示。

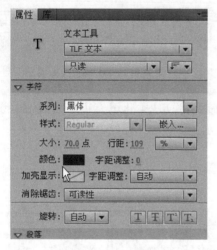

图 2-16　字符属性

图 2-17　高级字符属性

(4)"大小写"下拉列表,用以指定如何使用大写字符和小写字符。

(5)"对齐基线"下拉列表,仅当打开文本"属性"检查器的面板选项菜单中的亚洲文字选项时才可用。用户可以为段落内的文本或图形图像指定不同的基线。

2. 传统字符属性

选择了舞台上的文字对象后,在"属性"检查器中选择"传统文本"选项,可以显示文字对象更多的属性。属性检查器如图 2-18 所示。

(1)"位置和大小"栏,用于设置文本在舞台 X 轴和 Y 轴上的位置,以及设置文本的宽和高。

(2)"系列"下拉列表,用以选择字体。

(3)"大小"输入框,用以改变字体的大小。

图 2-18　传统文本字符属性

（4）"颜色"按钮，单击该按钮，可以从打开的调色板中选择颜色，或者通过滴管工具选择任何能看到的颜色。

（5）"字母间距"输入框，用于设置字与字之间的间隔。

（6）"上标""下标"按钮，用于设置选定文字为上标、下标。

（7）"旋转"，用于改变文字的排列方式，默认旋转 0°，如图 2-19 所示，旋转 270°，如图 2-20 所示，再使用选择工具选中文字，单击"变形"面板中的 　，设置旋转为 90°效果如图 2-21 所示。

图 2-19　默认文字排列方式　　　　图 2-20　270°旋转　　　　图 2-21　再旋转 90°

2.2.2　字符属性设置

可以在文字输入前设置文本工具属性检查器中的属性，然后输入文字，文字就自动应用设置好的属性，也可以先输入文字，选定文字，再设置文本工具属性检查器中的属性。

（1）选中文字工具，设置属性面板中文字大小为 30，颜色为蓝色，在舞台上输入文字，用选择工具选中文字。

（2）在"属性"面板中设置文本为传统文本中的静态文本，设置 X 的值为 100，Y 的值为 300，此时可以看到文本的位置发生了变化，超出了舞台区域，如图 2-22 所示。

（3）在"系列"下拉列表中选择"行楷 GB-2312"选项，设置"大小"为 50，此时就更改了文字的字体和大小，如图 2-23 所示。

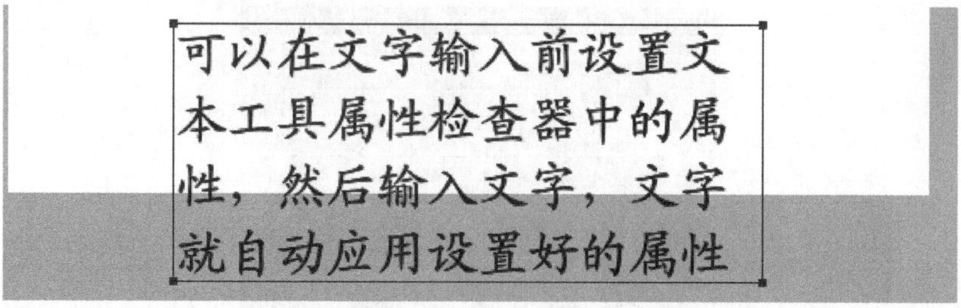

图 2-22　设置文本位置

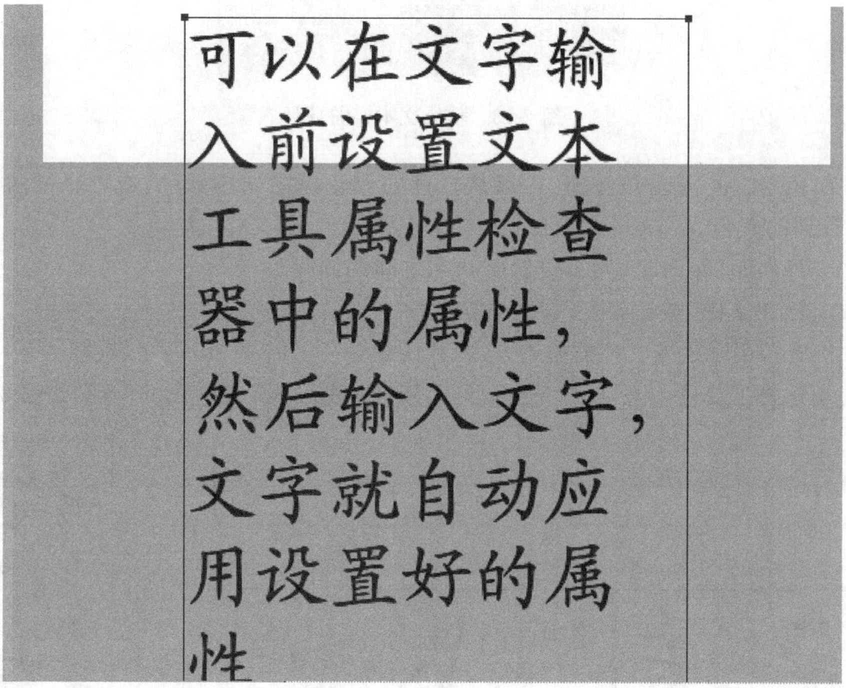

图 2-23　设置字体、字号

（4）调整文字的位置，使其在页面中全部显示。

（5）设置"字母间距"为－6.0，然后单击"颜色"按钮，在弹出的颜色列表中选择红色，此时更改了文本的颜色和字母的间距，效果如图 2-24 所示。

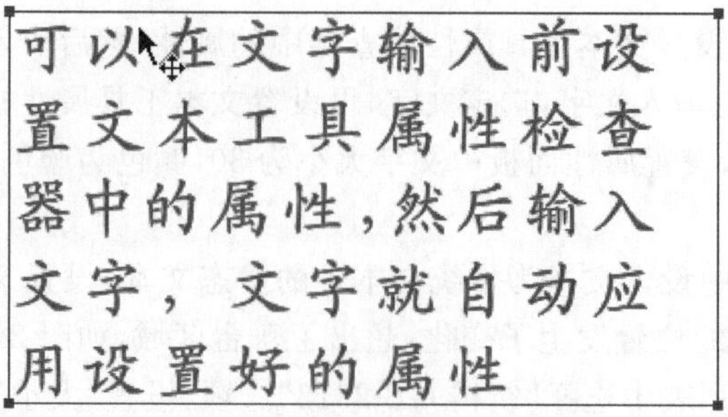

图 2-24　设置字体颜色、字符间距

2.3　段落设置

在"属性"面板中有一组与段落设置相关的按钮,用以设置段落的对齐方式、边距、缩进和间距等效果。

2.3.1　相关知识

1. TLF 文本段落属性

选择 TLF 文本工具时,其中各种按钮的相关含义如下。

(1)"左对齐"按钮 ▤:使文字左对齐。

(2)"居中对齐"按钮 ▤:使文字居中对齐。

(3)"右对齐"按钮 ▤:使文字右对齐。

(4)"两端对齐,末行左对齐"按钮 ▤:使文字两端对齐,最后一行左对齐。

(5)"两端对齐,末行居中对齐"按钮 ▤:使文字两端对齐,最后一行中间对齐。

(6)"两端对齐,末行右对齐"按钮 ▤:使文字全部两端对齐,最后一行右对齐。

(7)"全部两端对齐"按钮 ▤:使文字全部两端对齐。

通过调整段落对齐下方的"边距"、"缩进"和"间距",可以调整文本的格式。

(8)"改变文本方向"按钮 ：该按钮菜单中的两个命令,分别可以使被选中的文本的方向为"水平"和"垂直"。

2. 传统文本段落属性

选中传统文本工具时,其中各种按钮的相关含义如下。

(1)"左对齐"按钮:使文字左对齐。

(2)"居中对齐"按钮:使文字中间对齐。

(3)"右对齐"按钮:使文字右对齐。

(4)"两端对齐"按钮:使文字两端对齐。

通过调整段落格式下方的"边距"和"间距",可以编辑格式。

(5)"改变文本方向"按钮。该按钮菜单中三个命令,分别可以使被选中的文本的方向为"水平"、"垂直"和"垂直,从左向右"。

2.3.2　设置首行缩进

(1)选择文字工具,设置字号为 30,颜色红色,拉开定宽矩形输入框,在舞台中输入TLF 文本,使用选择工具选中文字,如图 2-25 所示。

(2)在"属性"面板中的"段落"选项中单击"两端对齐"按钮,设置文字为两端对齐。

(3)在"段落"选项中设置起始"边距"为 60 像素,设置文本的边距。

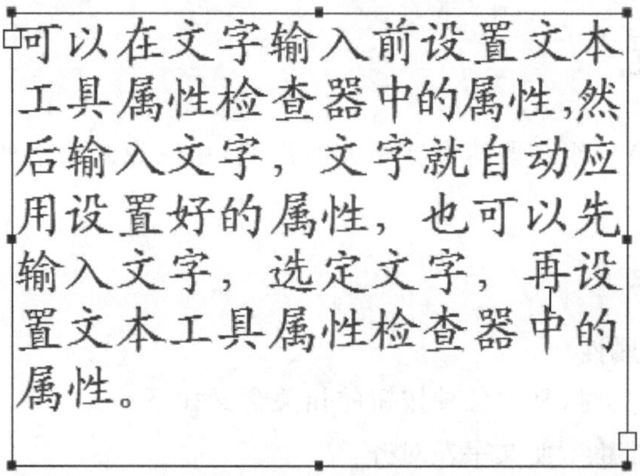

可以在文字输入前设置文本
工具属性检查器中的属性,然
后输入文字，文字就自动应
用设置好的属性，也可以先
输入文字，选定文字，再设
置文本工具属性检查器中的
属性。

图 2-25　输入 TLF 文本

(4) 在“段落”选项中设置“缩进”为 40 像素，设置文本的首行缩进，如图 2-26 所示。

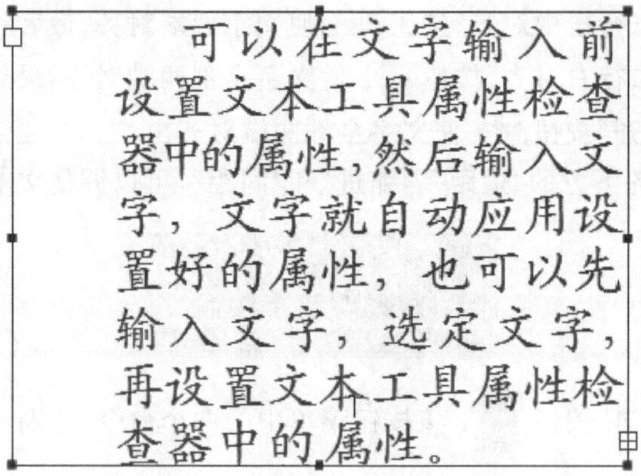

可以在文字输入前
设置文本工具属性检查
器中的属性,然后输入文
字，文字就自动应用设
置好的属性，也可以先
输入文字，选定文字，
再设置文本工具属性检
查器中的属性。

图 2-26　设置左缩进和首行缩进

2.4　设置文本类型

2.4.1　相关知识

1. 静态文本

选择“静态文本”选项，在“属性”面板中有几个选项。

(1) “消除锯齿”有几个选项，如图 2-27 所示。

选择“可读性消除锯齿”选项，可以创建高清晰的字体，即使在字体较小时也是这样，但是它的动画效果较差，并且可能会导致性能问题，如果要使用动画文本，则可选择“动画消除锯齿”选项。

可读性消除锯齿
使用设备字体
位图文本 [无消除锯齿]
动画消除锯齿
可读性消除锯齿
自定义消除锯齿

图 2-27　消除锯齿下拉列表

(2) “可选”按钮：单击该按钮，在文件输出时可以对输出的 SWF 影片中的文本进行选取和复制操作，就如同在网

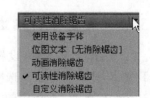

页中见到的文本一样。

2. 动态文本

从文本选项面板的下拉列表中选择"动态文本"选项,"属性"面板中的内容会发生相应的变化。

Flash CS5中的动态文本可以作为对象来使用,在实例名称文本框中可以定义当前动态文本的实例名。

(1) 在"段落"栏中的"行为"下拉列表中有三个选项。

• "单行"选项:选择该选项,文本以单行方式显示。

• "多行"选项:选择该选项,如果输入文本大于设定的文本限制,后面输入的内容会被自动换行。

• "多行不换行"选项:文本以多行方式显示,不自动换行,必须按 Enter 键方能换行。

(2) 动态类型开启了在静态类型时无效的两个按钮。

• 将文本呈现为 HTML ⟨⟩:文本对象支持 HTML 标签特有的字体格式及超链接等。

• 在文本周围显示边框 ▦:按下该按钮,文本将有白色背景和黑色边框出现。

(3) "变量"文本框:用以定义该文本框为保存字符串数据的变量。它的应用需要结合后面的动作脚本。

(4) "嵌入"按钮:单击"嵌入"按钮,弹出"字体嵌入"对话框,单击 ⊞ 按钮可以添加新字体,单击 ⊟ 则可以删除所选字体。从列表中选择一个或多个选项,只输入要嵌入的文档字符;也可以输入字符,将选定文本字段的所有字符都嵌入文档。

3. 输入文本

从"文本类型"下拉列表中选择"输入文本"选项。"属性"面板的内容会有相应的变化,这里主要说明一下特有的选项。

(1) "行为"下拉列表。从下拉列表框中可以选择单行、多行、多行不换行和密码等类型。其中密码选项为输入文本所特有的。选择密码类型后,在生成的 SWF 影片中输入的文字将显示为星号即"＊"。

(2) "最大字符数"文本框即输入文字的最大数目,默认的数字为 0,也就是不限制。如果设定数字,那么在生成的 SWF 影片中此数则为最大输入文字数目。

动态文本可以有单行或多行,可以显示 HTML 文本,可以被选中,这是与静态文本的不同之处;但是它不能接收用户的键盘输入,这是与输入文本的区别。动态文本还可以关联一个变量名,也就是说,可以在程序中动态地改变一个动态文本中的文本内容。

2.4.2 传统文本

选中"工具"面板中的文本工具,在舞台上输入文本,然后分别设定文本类型为静态文本、动态文本和输入文本来区别三种文本类型。

(1) 静态文本字段显示不会动态更改的字符的文本。

(2) 动态文本字段显示动态更新的文本,如股票报价或天气预报。

(3) 输入文本字段使用户可以在表单或调查表中输入文本。

2.4.3　TLF 文本

当选择"TLF 文本"时,在"文本类型"下拉列表中可以选择三种文本类型:只读、可选和可编辑。

(1) 只读:当作为 SWF 文件发布时,文本无法选中或编辑。

(2) 可选:当作为 SWF 文件发布时,文本可以选中并可复制到剪贴板,但不可以编辑。对于 TLF 文本,此设置是默认设置。

(3) 可编辑:当作为 SWF 文件发布时,文本可以选中和编辑。

2.5　对文字进行变形

用户可以使用对其他对象进行变形的方式来改变文本块,可以缩放、旋转、倾斜和翻转文本块以产生有趣的效果。如果将文本块当作对象进行缩放,磅值的增减就不会反映在"属性"面板中。

2.5.1　传统文本整体变形

(1) 设定文字工具属性。字号 30 点,颜色红色,在舞台中输入文字,使用选择工具选择文字,如图 2-28 所示。

(2) 选择任意变形工具 ，单击该文字,可以对文字进行缩放、移动、变形、旋转等操作,如图 2-29 所示。

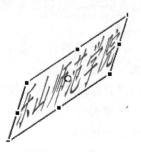

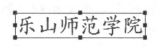

图 2-28　输入文字并选中　　　　　　　　图 2-29　变形文字

对传统文本无法进行 3D 旋转和 3D 平移。

2.5.2　TLF 文本整体变形

(1) 设定文字工具属性。字号 30 点,颜色红色,文本类型为 TLF 文本,在舞台中输入文字,使用选择工具选择文字,如图 2-30 所示。

(2) 使用 3D 旋转工具 ，单击该文字,效果如图 2-31 所示。

(3) 拖放蓝色、橙色圆圈以及红色、绿色中心线都可以对文字进行 3D 旋转,效果如图 2-32 所示。

(4) 3D 平移工具,可以使文字对象在 X,Y,Z 三个方向平移,效果如图 2-33 所示。

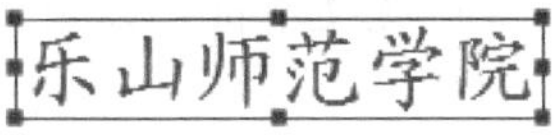

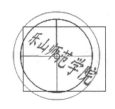

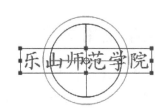

图 2-30　输入文字并选中

图 2-31　3D旋转

图 2-32　3D旋转效果

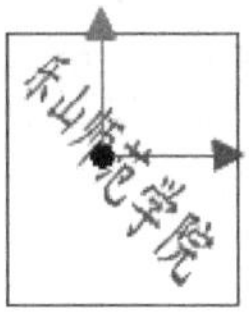

图 2-33　3D平移

2.5.3　对文字局部变形

要对文字的局部进行变形，首先要分离文字，使其转换成元件，然后就可以对这些转换过的字符做各种变形处理了。

（1）选择文本工具，在舞台上输入文字，如图 2-34 所示。

（2）单击选取工具，选择需要变形的文字，然后选择"修改"|"分离"命令，或按 Ctrl＋B 键，将文字分离，如图 2-35 所示。

图 2-34　输入文字

图 2-35　打散文字

一旦把文字分离成位图，就不能再作为文本进行编辑了。因为此时的文字已是普通形状，不再具有文字的属性。

（3）现在各个文字就单独存在了，可以单独进行变形，如图 2-36 所示。

（4）如果对分离后的文字再进行一次分离操作，就可以把文字变成位图。对于打散成位图的文字，就可以按照位图的编辑方式进行编辑了。比如改变颜料桶工具的填充色为色谱的线性渐变，文字效果如图 2-37 所示。这也是一种霓虹灯文字。

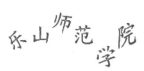

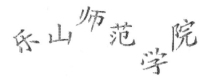

图 2-36　单独变形文字

图 2-37　再打散文字填色

2.6　对文字使用滤镜

在 Flash CS5 中，所有的文本模式，包括 TLF 文本和传统文本都可以被添加滤镜效果，这项操作主要通过"属性"面板中的"滤镜"选项组完成，如图 2-28 所示。单击"添加滤镜"按钮后，即可打开列表，如图 2-39 所示。

图 2-38　属性面板　　　　　　　　　　　　图 2-39　滤镜菜单

2.6.1　投影滤镜

在舞台中输入文字，使用选择菜单选中该文字，在投影菜单中选择"投影"滤镜，出现的属性如图 2-40 所示。

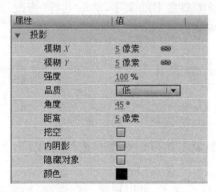

图 2-40　投影属性面板

- 模糊 X，模糊 Y 为投影的宽度和高度。
- 强度为投影显示的强度。
- 角度为投影的方向即光照方向。
- 距离为投影与文字之间的距离。
- 挖空为把文字中间挖空。
- 内阴影为投影在文字线条内部。
- 隐藏对象为把文字隐藏起来，只出现投影文字。
- 颜色为投影的颜色，可以不是黑色。

文字效果如图 2-41 所示。

可以设置相应的投影属性改变投影效果。例如,改变投影颜色为蓝色,文字投影效果如图 2-42 所示。

图 2-41　投影文字效果

图 2-42　修改投影颜色

2.6.2　模糊滤镜

选择模糊滤镜,属性面板如图 2-43 所示。

"模糊 X"和"模糊 Y"文本框用于设置模糊的宽度和高度。

"品质"文本框用于设置模糊的质量级别。

文字效果如图 2-44 所示。

图 2-43　模糊滤镜属性面板

图 2-44　模糊效果

2.6.3　斜角滤镜

设置属性如图 2-45 所示,效果如图 2-46 所示,有浮雕的效果。

图 2-45　斜角滤镜属性面板

图 2-46　内部斜角效果

在属性面板中各参数效果与投影参数效果相同。类型有三种:内侧,外侧,全部。斜角在内侧,如图 2-46 所示是内侧类型;斜角在外侧,如图 2-47 所示是外侧类型;斜角内外兼有,如图 2-48 所示是全部类型。

图 2-47　外部斜角效果

图 2-48　全部斜角效果

其他滤镜就不再一一列举了,多种滤镜可以叠加使用,通过滤镜可以做出很多特殊效果的文字。

2.7 文字实例

2.7.1 静态字之鲜花阴影字

(1) 单击"文件"|"新建"|ActionScript 3.0,新建一个文件,保存文件名为"静态文字.fla"。

(2) 选择文字工具,设置属性如图 2-49 所示。

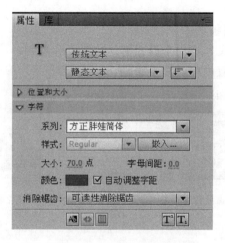

图 2-49 文字属性设置

字体的安装方式如下:把"字体"目录下的 FZPWJW.tif 文件拷贝到操作系统的安装目录下,如 C:\WINDOWS\Fonts 下,在字体列表中就可以找到"方正胖娃简体"了。此处使用这个字体是为了让文字笔画更粗,对于鲜花文字的体现更明显。

(3) 在舞台中输入文字,如图 2-50 所示。

(4) 两次使用 Ctrl+B 键打散该文字。打开颜色面板 ，设置如图 2-51 所示,导入"鲜花 1.jpg"作位图填充,注意:文字一直处于被选中状态,不要用鼠标单击文档的其他地方。

图 2-50 输入文字

图 2-51 位图填充

填充效果如图 2-52 所示,这就完成了鲜花字的制作。

(5) 修改该图层名字为"文字",并新建一个新的图层,命名为"阴影",如图 2-53 所示。

图 2-52 鲜花填充效果   图 2-53 图层控制区

（6）用"选择工具"选中文字，按 Ctrl＋C 键复制文字，单击选中"阴影"图层的关键帧，按 Ctrl＋V 键粘贴该文字到"阴影"图层中，选中该复制的文字，修改属性面板中颜色为"＃666666"，如图 2-54 所示。

（7）拖动"阴影"图层到"文字"图层下面，使用 Ctrl＋B 键两次，打散该文字，单击"修改"|"形状"|"扩展填充"，设置"扩展填充"对话框如图 2-55 所示。

图 2-54 阴影文字   图 2-55 "扩展填充"对话框

图层效果和文字效果如图 2-56 所示。

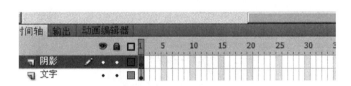

图 2-56 各图层效果

（8）把阴影图层拖到文字图层下面，用上下左右光标键调整"阴影"的位置，如图 2-57 所示。

图 2-57 最终效果

这样是不是就有立体的效果了呢?

总结:本案例主要利用文字工具输入文字,然后再复制一个文字,将复制文字设置成不同的颜色,利用文字错位来形成浮雕效果。

2.7.2 静态字之空心鲜花字

(1) 单击"文件"|"新建"|ActionScript 3.0,新建一个文件,保存文件名为"静态空心文字.fla"。

(2) 选择文字工具,设置属性如图 2-49 所示。

(3) 在舞台中输入文字,如图 2-50 所示。

(4) 两次使用 Ctrl+B 键,打散文字,选择"修改"|"形状"|"柔化填充边缘",设置属性如图 2-55 所示。

(5) 再次使用"修改"|"形状"|"柔化填充边缘",设置属性如图 2-58 所示。

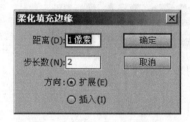

图 2-58 "柔化填充边缘"对话框

文字效果如图 2-59 所示。

图 2-59 两次柔化后的效果

(6) 单击颜色按钮 ,设置属性如图 2-60 所示,导入"鲜花 2.jpg"作位图填充。

图 2-60 位图填充鲜花

效果如图 2-61 所示。

图 2-61 空心鲜花字

若修改颜色面板属性(如图 2-62 所示),则填充效果如图 2-63 所示。

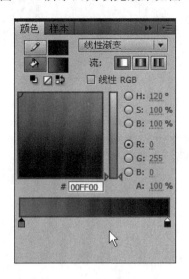

图 2-62　"颜色"属性框

图 2-63　线性渐变填充效果

大家可以举一反三,学会各种填充效果的静态文字。对于各种填充效果,前提都是需要先打散文字,才能填充,否则无法填充文字效果。

2.7.3　动态字之淡入淡出变形字

当访问网站时,吸引眼球的一定有网站上的广告条吧。它具有灵活的实时性、强烈的交互性与感官性。仔细观察,你会发现,文字动画起着很大的作用。下面就来看一看如图 2-64 所示的文字动画制作过程吧。

(1) 新建 Flash 文档,设置文档属性(用选择工具单击舞台旁边的灰色区域,属性面板显示文档属性),文档大小为 599×426 像素,背景为白色,帧频为 6 帧/秒,保存该文档为"淡入淡出变形文字.fla。"

(2) 创建背景图层。选中图层 1 中的第一帧,执行"文件"|"导入"|"导入到舞台"命令,将"素材\背景 1.jpg"图片导入到舞台中,利用"对齐"面板将图片水平居中和垂直居中调整到舞台中央。执行"修改"|"转换为元件"命令,弹出"转换为元件"对话框,在"名称"文本框中输入"背景",在"类型"区域中选择"图形"后单击"确定"按钮。这样,导入到舞台的背景图片就转换成了图形元件。修改图层 1 名字为"背景层"。

(3) 修改背景的透明度。用"选择工具"在舞台中选中背景,在"属性"面板中出现图形元件的属性设置,如图 2-65 所示,在"颜色"下拉列表框中选择 Alpha 并将值设置为 50%,这样使背景变得透明,具有水印效果。

图 2-64 文字动画片段

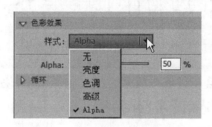

图 2-65 调整 Alpha 值

在背景层的时间轴的第 35 帧右击，在弹出的快捷菜单选择插入帧，使背景画面延续到 35 帧，并单击按钮将背景层锁定。

（4）创建"文字"图形元件。执行"插入"|"新建元件"命令，弹出"创建新元件"对话框，在"名称"文本框中输入"文字"，在"类型"区域中选择"图形"后单击"确定"按钮。利用文字工具设置文字大小为 50，颜色为红色，在场景中输入"弘毅自强 笃学践行"文字，相对舞台居中对齐，并利用滤镜功能为文本添加投影效果，滤镜设置在文字属性面板最下面，如图 2-40 所示，设置后，文字效果如图 2-66 所示。

弘毅自强 笃学践行

图 2-66 文字元件

（5）回到场景 1，新建一个图层，命名为"文字层"。从库面板中把"文字"图形元件拖动到该层的第一帧上，并利用"对齐"面板将文字处于场景中央。

（6）实现文字动画。在"文字层"的第 15 帧插入关键帧，在第一帧上右击，在弹出的快捷菜单中执行"创建传统补间动画"命令。将第一帧场景中的文字成比例缩小到场景中央，并将其 Alpha 设置为 0。按 Ctrl＋Enter 组合键，看一下现在的效果，文字从场景中央逐渐变大、变清楚时出现在场景正中。

（7）下面接着实现文字的闪烁。在文字层的第 20 帧插入关键帧，使画面延续一段时间。再同时选中第 21～30 帧，右击，在弹出的快捷菜单中执行"转换为关键帧"命令，这样选中的这一段帧就都变为了关键帧。分别选中第 21、第 23、第 25、第 27、第 29 这几个帧后按 Delete 键删除这几帧上的内容。这样就实现了文字的闪烁效果。按 Ctrl＋Enter 组合键，看一下现在的效果。

（8）最后实现文字退场。在第 35 帧插入关键帧，选中第 30 帧并右击，在弹出的快捷菜单中执行"创建传统补间动画"命令。再将第 35 帧场景中的文字横向拉宽，将其 Alpha 设置为 0。至此，动画全部设计完毕。时间轴上最后的效果如图 2-67 所示。

图 2-67　图层和时间轴

（9）测试存盘。该实例在第 1～15 帧实现了文字的放大淡入效果，第 15～20 帧保持状态，第 20～30 帧实现闪烁，第 30～35 帧实现了文字的放大淡出的过程。

2.7.4　动态字之变色字

该实例实现文字的颜色不断变换，看起来瑰丽多彩。

（1）新建一个文档，保存文件名为变色字.fla。

（2）设置文档属性，如图 2-68 所示。

图 2-68　文档属性面板

（3）选择"文件"|"导入"|"导入到舞台"，选择素材\背景 2.jpg，把图片导入到舞台，用"选择工具"选中图片，在属性面板中设置图片大小为 400×200 像素，利用对齐面板，相对于舞台居中对齐。修改图层名字为"背景"，在"背景"图层的第 35 帧处插入帧。

（4）新建一个图层，默认名字是"图层 2"，选择文字工具，设置属性如图 2-69 所示。输入文字，利用对齐面板相对于舞台居中对齐，效果如图 2-70 所示。

图 2-69　字体属性设置

图 2-70　输入文字效果

（5）使用 Ctrl＋B 键打散文字为单个文字，单击"修改"|"时间轴"|"分散到图层"，单击锁定背景图层，删除图层 2。图层效果如图 2-71 所示。

（6）单击"乐"图层的第五帧，按住 Shift 键同时单击"院"图层的第五帧，同时选中各个图层的第五帧，单击右键，选择"插入关键帧"，如图 2-72 所示。

图 2-71　图层效果 　　　　　图 2-72　各层插入关键帧

用同样的方法在各层的第 10，第 15，第 20，第 25，第 30，第 35 各帧处插入关键帧，效果如图 2-73 所示。

（7）单击"乐"图层的第 1 帧，改变文字颜色（使用文字工具或选择工具，打开文字属性面板即可修改文字颜色），再单击第五帧修改文字颜色，以此类推，修改所有关键帧的文字颜色为不相同颜色。

（8）修改各个图层各个关键帧的文字颜色为不同颜色，注意同一帧各层文字颜色最好不相同。同一层的相邻关键帧的颜色也不相同。

（9）按 Ctrl＋Enter 键测试一下效果，可以看到各个文字都闪烁着五颜六色的颜色，若满意即可存盘，否则再修改各个关键帧文字的颜色。

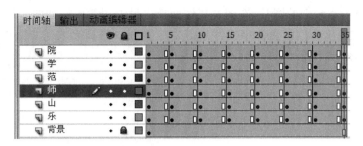

图 2-73 时间轴效果

试着自己制作各种样式的文字,如图 2-74 所示。

图 2-74 文字样式

2.7.5 Flash CS5 排版

Flash 也可以排版了。本实例完成对各种文本的输入、编辑。其中,重点介绍对各种文本的输入、编辑的技巧和方法,在此基础上完成书籍插页的排版,效果如图 2-75 所示。

图 2-75 效果图

(1) 新建一个文档,设置文档舞台大小为 550×600 像素,白色背景,帧频 12 帧/秒。保存文件名为"文字排版.fla"。

(2) 选择"文件"|"导入"|"导入到舞台",选择"素材/t1.jpg",把图片文件导入到舞台。

用"选择工具"单击舞台上的图片,在图片属性面板中设置图片属性如图 2-76 所示。

(3)选择"文字工具",设置文字属性如图 2-77 所示。在舞台右边合适的地方拉出一个矩形,输入文字,效果如图 2-78 所示。

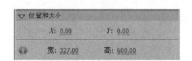

图 2-76　图片位置属性

图 2-77　文字属性

(4)用同样的方法分别设置后面的两个文本框属性,如图 2-79 和图 2-80 所示。

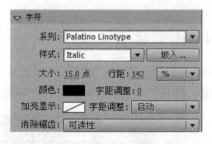

图 2-78　文字效果

图 2-79　文本框属性 1

(5)三个文本框如何对齐呢? 当然可以用鼠标直接拖动,也可以利用对齐面板对齐,还可以利用文本框的属性面板中位置和大小的坐标轴,这里只是左对齐,只需设置三个文本框的 X 轴值相同即可,如图 2-81 所示。

图 2-80　文本框属性 2

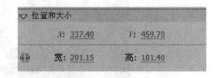

图 2-81　文本框位置属性

(6)测试文件,若效果满意则保存文件并发布。

第 3 章

逐帧动画

Flash CS5 提供了功能强大的动画创建工具。动画是通过迅速地呈现一系列图形(像)来获得的。由于这些图形在相邻帧之间有较小的变化(包括方向、位置及形状等的变化),所以会形成动态效果。实际上,在舞台上看到的第一帧是静止的画面,只有在播放头以一定的速度沿各帧移动时,才能从舞台上看到动画效果。

3.1 逐帧动画的特点及用途

逐帧动画技术利用人的视觉暂留原理,快速地播放连续的、具有细微差别的图像,使原来静止的图形运动起来。人眼所看到的图像大约可以暂存在视网膜上 1/16s,如果在暂存的影像消失之前观看另一张有细微差异的图像,并且后面的图片也在相同的极短时间间隔后出现,所看到的将是连续的动画效果。电影的拍摄和播放速度为每秒 24 帧画面,比视觉暂存的 1/16s 短,因此看到的是活动的画面,实际上只是一系列静止的图像。逐帧动画是一种常见的动画形式(Frame By Frame),其原理是在"连续的关键帧"中分解动画动作,也就是在时间轴的每一帧上逐帧绘制不同的内容,使其连续播放而形成动画。

要创建逐帧动画,需要将每个帧都定义为关键帧,然后给每个帧创建不同的图像。每个新关键帧最初包含的内容和它前面的关键帧是一样的,因此可以递增地修改动画中的帧。制作逐帧动画的基本思想是把一系列相差甚微的图形或文字放置在一系列的关键帧中,动画的播放看起来就像一系列连续变化的动画。其最大的不足就是制作过程较为复杂,尤其是在制作大型 Flash 动画的时候,它的制作效率是非常低的,在每一帧中都将旋转图形或文字,所以占用的空间会比制作渐变动画所耗费的空间大。但是,逐帧动画的每一帧都是独立的,它可以创建出许多依靠 Flash CS5 的渐变功能无法实现的动画,所以在许多优秀的动画设计中也用到了逐帧动画。

创建逐帧动画的几种方法如下。

- 用导入的静态图片建立逐帧动画。用 JPG、PNG 等格式的静态图片连续导入到 Flash 中,就会建立一段逐帧动画。
- 绘制矢量逐帧动画。用鼠标或压感笔在场景中一帧帧地画出帧内容。
- 文字逐帧动画。用文字作帧中的元件,实现文字跳跃、旋转等特效。
- 指令逐帧动画。在时间轴面板上,逐帧写入动作脚本语句来完成元件的变化。

- 导入序列图像。可以导入 GIF 序列图像、SWF 动画文件产生动画序列。

3.2 绘图纸

借助辅助工具可以使创建逐帧动画更加精细。"绘图纸"是一个帮助定位和编辑动画的辅助功能,这个功能对制作逐帧动画特别有用。通常情况下,Flash 在舞台中一次只能显示动画序列的单个帧。使用绘画纸功能后,则可以在舞台中一次查看两个或多个帧。

如图 3-1 所示,这是使用"绘图纸"功能后的场景,可以看出,当前帧中的内容用全彩色显示,其他帧的内容以半透明显示,看起来好像所有帧的内容都是画在一张半透明的绘图纸上,这些内容相互层叠在一起。当然,这时只能编辑当前帧的内容。

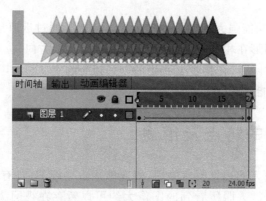

图 3-1　使用"绘图纸"的效果

"绘图纸"各个按钮的功能如下。

- "绘图纸外观"按钮 。按下此按钮后,在时间轴的上方出现"绘图纸外观"标记 。拖动外观标记的两端,可以扩大或缩小显示范围。
- "绘图纸外观轮廓"按钮 。按下此按钮后,场景中会显示各帧内容的轮廓线,填充色消失,特别适合观察对象轮廓,另外可以节省系统资源,加快显示过程,如图 3-2 所示。

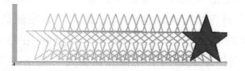

图 3-2　绘图纸外观轮廓

- "编辑多个帧"按钮 。按下后可以显示全部帧的内容,并且可以进行"多帧同时编辑"。这个功能对调节逐帧动画的整体位置非常有效。
- "修改绘图纸标记"按钮 。按下后,弹出菜单,菜单中有以下选项。

(1)"总是显示标记"选项。会在时间轴标题中显示绘图纸外观标记,无论绘图纸外观是否打开。

(2)"锚定绘图纸"选项。会将绘图纸外观标记锁定在它们在时间轴标题中的当前位置。通常情况下,绘图纸外观范围是和当前帧的指针以及绘图纸外观标记相关的。通过锚定绘图纸外观标记,可以防止它们随当前帧的指针移动。

(3)"绘图纸2"选项。会在当前帧的两边显示两个帧。

(4)"绘图纸5"选项。会在当前帧的两边显示5个帧。

(5)"绘制全部"选项。会在当前帧的两边显示全部帧。

3.3 逐帧动画实例

3.3.1 打字效果

在Flash动画中文字的出现方式多种多样,如写字效果、卡拉OK歌词、渐变文字效果、光线扫过效果等。Flash打字效果的制作非常简单,下面就来看一看Flash打字效果的制作过程吧。

(1)新建文档。执行"文件"|"新建"命令,在弹出的对话框中选择"常规"|"Flash文档"选项后单击"确定"按钮,新建一个影片文档。这时的"属性"面板是用来设置文档属性的,设置文件为200×100像素,背景颜色为白色,帧频为5帧/秒,如图3-3所示。保存文件名为"打字效果.fla"。

(2)利用文本工具 **T** 在舞台中输入静态文本"火热的青春"。为了模拟Word下的文字输入,使用蓝色♯0000FF,字体大小为40点,属性如图3-4所示,效果如图3-5所示。

图3-3 文档属性

图3-4 文字属性

(3)按组合键Ctrl+B把文本分离成单独的文字,注意是使用一次组合键,如图3-6所示。

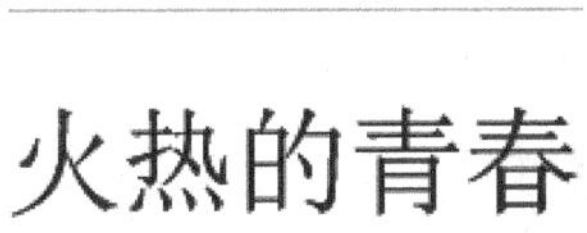

火热的青春

图3-5 输入文字效果

火热的青春

图3-6 打散一次效果

(4)数清一共有多少个字,然后插入关键帧,本例的效果是5个字,加上停顿感的2帧,所以共插入7个关键帧。

(5)删除第一帧、第二帧的内容,做开始有停顿感的效果;第三帧删除"火"以外的字,如图3-7所示。

图 3-7　第三帧效果

（6）按照步骤（5）的方法设置其他关键帧。在每一个关键帧都删除当前所要显示字的后面的文字，从而实现打字效果。比如第四帧效果如图 3-8 所示，以此类推，把后面几帧都做好。

图 3-8　第四帧效果

（7）创建一个影片剪辑，命名为"光标"，利用矩形工具画一个无边框的黑色光标形状的矩形。利用对齐面板居中对齐。复制 4 帧，将第二帧、第四帧转为空白关键帧。做好的"光标"影片剪辑的时间轴效果如图 3-9 所示。

把光标制作成影片剪辑的目的是，利用影片剪辑的特性可以独立于时间线播放，最后闪动的效果就体现了它的特性。

（8）回到场景 1，新建一个图层，命名为"光标"。从"库"面板中把"光标"影片剪辑拖动到对应文字后的位置，用"选择工具"选中该实例，用任意变形工具调整高度和宽度，使其看起来更像闪烁的光标。设置属性如图 3-10 所示，这样才有真实的效果，在每一帧中拖动光标到文字的后面。如图 3-11 所示，在调整每一帧"光标"影片剪辑位置的时候可以借助绘图纸工具。

图 3-9　光标时间轴　　　　　　　　图 3-10　光标实例的属性

图 3-11　移动光标时间轴效果

（9）为使最终动画的画面能保留一段时间，可以分别在两个图层的第 20 帧插入帧起到延续的效果。最后的时间轴效果如图 3-12 所示。

图 3-12　延续效果时间轴

（10）测试存盘。执行"控制"|"测试影片"命令（快捷键为 Ctrl＋Enter），观察动画的效果，如果满意，执行"文件"|"保存"命令，将文件保存成"打字效果.fla"；如果要导出 Flash的播放文件，执行"文件"|"导出"|"导出影片"命令。

（11）让打字效果更逼真。若想让打字效果更逼真，可以调整关键帧后面的普通帧数量来实现，如在用户使用拼音打字的时候，一般采用词组输入，而不是一个字一个字地输入，字的出现速度会不同。我们可以在一个词组内不停顿，而在词组间多停顿。比如，本例中，先停顿 4 帧，光标在输入的位置闪烁，等待输入，第五帧出现"火热"两字，光标到"火热"两字后面闪烁，后面的普通帧可以少点，只需"输入一个字"的等待时间（比如 2 帧），接着出现"的"，等待 5 帧，光标在"的"后面闪烁，再出现"青春"两字，光标到"青春"两字后面闪烁。完成后使用 Ctrl＋Enter 键查看效果，可以看到不同的字或词出现的速度不同，这样更符合打字的规律，看起来更逼真。若觉得效果还不够明显，可以继续调整停顿的帧的数量，时间轴效果如图 3-13 所示。以此类推，在做卡拉 OK 歌词的时候，可以调整歌词的出现速度。

图 3-13　不同速度打字的时间轴效果

3.3.2　吹蜡烛的小鸭

（1）启动 Flash CS5，设置文档属性，文档大小为 300×300 像素，背景为白色，帧频为 24 帧/秒。保存文件，文件名为"吹蜡烛的小鸭.fla"。

（2）导入连续的静态 PNG 图片。在场景 1 中，执行"文件"|"导入"|"导入到舞台"命令，导入 1.png 文件，这时会弹出一个询问框，询问是否导入序列中的所有图像，如图 3-14 所示。单击"是"按钮，Flash 会自动把 1.png、2.png、3.png、4.png、5.png 5 幅 PNG 图片按序以逐帧形式导入到舞台中，时间轴效果如图 3-15 所示。再在每个关键帧上插入 9 个帧以延续每个关键帧画面。时间轴如图 3-16 所示。

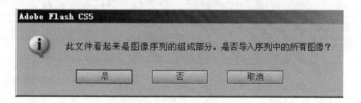

图 3-14　导入序列图片

图 3-15　导入图片后的时间轴效果

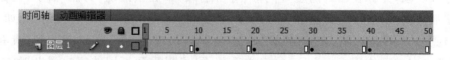

图 3-16　影片剪辑的时间轴效果

（3）测试存盘。执行"控制"|"测试影片"命令（快捷键为 Ctrl＋Enter），观察动画的效果，如果满意，执行"文件"|"保存"命令；测试发现小鸭的动作过快，不够自然，需要修改帧频，用"选择工具"单击舞台旁的灰色部分，显示文档属性，修改帧频为 15 帧。再测试，查看

效果。如果要导出 Flash 的播放文件,执行"文件"|"导出"|"导出影片"命令,最后的效果如图 3-17 所示。

图 3-17 最终效果

3.3.3 逐帧动画广告

可以用逐帧动画来做个鞋子的广告,步骤如下。

(1) 打开 Flash CS5,新建一个 ActionScript 3.0 文件,保存文件名为"动画广告. fla"。

(2) 导入"素材\广告牌. png"到舞台,修改图层 1 为"背景"层,在第 70 帧插入帧。

(3) 新建一个新的层,修改层名为"广告"。

(4) 单击"广告"层的第一帧,"文件"|"导入"|"导入到库",把"素材\x1. jpg"导入到库,会出现如图 3-14 所示的对话框,导入 x1. jpg~x6. jpg 图片到库。把"素材\x7. bmp"也导入到库。

(5) 在"广告"层里面会出现 7 个关键帧,如图 3-18 所示。

图 3-18 图层和时间轴效果

(6) 选中"广告"层里面的第一帧,调整图片的位置以适应背景图片,此处背景图片的屏幕是平行四边形,为了调整图片,可以用"任意变形工具" 单击图片,调整图片的大小,效果如图 3-19 所示。图片和背景中的"屏幕"没有完全重合。

(7) 把图片中心的变形点圆圈拖到左上角,我们要以图片的左上角进行扭曲变形,变形后的效果如图 3-20 所示。让图片和背景"屏幕"完全重合。

(8) 以此类推,把几个图片都做相应的缩放和扭曲调整。

(9) 在"广告"层里面第 70 帧插入帧。拖动第 7 个关键帧到第 60 帧上面,效果如图 3-21 所示。

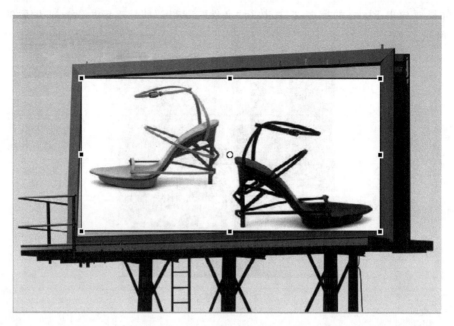

图 3-19 导入图片调整图片大小

图 3-20 变形图片

图 3-21 拖动关键帧

（10）以此类推，把第 6 个关键帧拖到第 50 帧，第 5 个关键帧拖到第 40 帧，把第 4 个关键帧拖到第 30 帧，第 3 个关键帧拖到第 20 帧。第 2 个关键帧拖到第 10 帧，如图 3-22 所示。

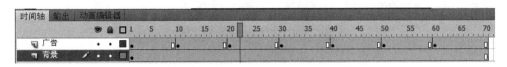

图 3-22　拖动各个关键帧后的时间轴

（11）修改文档属性，把帧频修改为 8 帧/秒。若需要图片更新得慢一点，就把帧频调整得更小些。

（12）测试，保存文件。可以看到一个户外大屏幕广告的动态变化效果。

3.3.4　手写字效果

用逐帧动画可以很好地表现手写字的效果，步骤如下。

（1）新建一个文档，设置文档属性如图 3-23 所示，保存文件名为 手写字.fla。
使用文字工具，设置属性如图 3-24 所示。在舞台中写下文字"乐山师院"。

图 3-23　文档属性

图 3-24　文本工具属性

（2）使用一次 Ctrl＋B 键打散文字为单个的文字，选择"修改"|"时间轴"|"分散到图层"，得到 4 个图层，图层效果如图 3-25 所示。

（3）选中"乐"的第一帧，使用 Ctrl＋B 键打散该字，按 F6 键，复制一个关键帧，选择"橡皮擦工具"擦除"乐"字的最后一笔的尾部，再按 F6 键，再按写字顺序的反方向擦除一部分，擦除的多少决定了写字的快慢。直到最后把所有笔画按书写的反方向擦除完毕。时间轴效果如图 3-26 所示。

图 3-25　图层效果

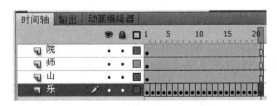

图 3-26　时间轴效果 1

（4）单击"乐"图层的第一帧，按住 Shift 键单击最后一帧，选中所有帧，右击快捷菜单选择"翻转帧"。

（5）在"山"层中，在第 21 帧（"乐"图层的最后一帧加 1 帧）插入关键帧，使用 Ctrl＋B 键打散该字。删除该层的第一帧，时间轴效果如图 3-27 所示。

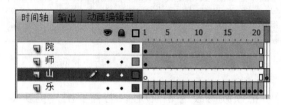

图 3-27　时间轴效果 2

（6）把第 21 帧作为图层"山"的第一帧，重复第（4）、第（5）步，同理，制作"师"和"院"图层的效果，每一层都在第 115 帧处插入帧。时间轴效果如图 3-28 所示。

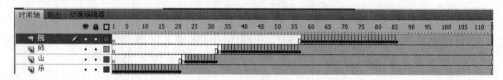

图 3-28　时间轴效果 3

注意：在擦除笔画的时候，需要小心谨慎，不要把其他笔画擦除缺掉了。

若要添加画轴展开用毛笔写字的效果，步骤如下。

（1）首先新建一 Flash 文档，修改文档尺寸为宽 840，高 200，设背景颜色为♯006666。然后制作所需的元件。

（2）制作卷轴。

单击"插入"|"新建元件"，在弹出的对话框上填上"名称"为"轴"，选择行为"图形"，然后单击"确定"，如图 3-29 所示。

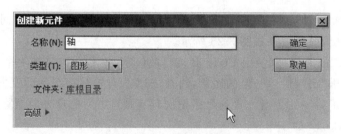

图 3-29　新建元件对话框

使用矩形工具，设置边框为无，选择"颜料桶工具"，打开颜色面板将颜色状态设置成线性，将线性渐变设置成如图 3-30 所示。

用矩形工具画出卷轴的主要部分，使用任意变形工具调整其形状并将中心小圆与小十字对齐，就是利用对齐面板使图片与舞台中心对齐。再用同样方法在上下两端画出黑色的轴心。

设置颜料桶工具的填充颜色属性如图 3-31 所示。

图 3-30 颜料桶工具的颜色属性设置

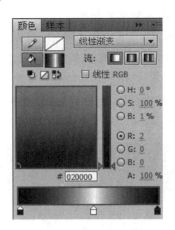

图 3-31 颜料桶工具的填充色设置

在轴的上下两端绘制轴心,效果如图 3-32 所示。

卷轴就做好了,回到场景 1。

(3) 毛笔的制作。

新建元件,命名"笔",类型为图形。方法同卷轴的制作方法相似,笔杆的颜色设置如图 3-33 所示。只不过在上端(用铅笔工具)画上挂绳,下端用任意变形工具,按住 Ctrl 键调整出上宽下窄的笔端,笔尖使用圆形工具填充线性渐变,使用"渐变变形工具"对渐变进行调整变形。然后使用实心选择工具(箭头)调整出毛笔尖形状。绘制好的毛笔效果如图 3-34 所示。

图 3-32 卷轴效果　　　　图 3-33 笔杆的颜色设置　　　　图 3-34 毛笔效果

毛笔做好后回到场景1。

（4）书法字体的制作。

新建一个手写字影片剪辑，制作如前面"手写字.fla"效果所示。

① 制作卷轴展开。单击"库"面板，将库中元件"轴"拖入场景1，调整该实例的大小适合场景高度，将该层命名为左轴。新建一层，命名为右轴。复制左轴实例粘贴到右轴图层中，调整两个层中的轴为并列并位于中央位置。利用对齐面板水平居中对齐，垂直靠下对齐，如图3-35所示。

图 3-35　把"轴"放在舞台上

② 单击左轴层的第一帧，在第20帧处单击右键插入关键帧，选择场景中的卷轴，将其移动到文档的最左边。右击时间轴中的一个帧，快捷菜单中选择创建传统补间动画，用同样的方法，将右轴层的右轴移动到文档的最右边。卷轴层和时间轴效果如图3-36所示。卷轴最后位置效果如图3-37所示，注意对齐卷轴。

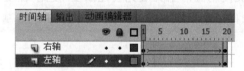

图 3-36　卷轴动画效果

图 3-37　卷轴展开后的效果

③ 制作纸张铺开。在最下面新建一图层，命名为纸。按照卷轴展开的位置画出浅黄色的纸边，注意在纸与卷轴之间不要留有空隙，然后再在黄色纸上画出白纸芯，位置大小适当。在图层纸上新建一层，命名为遮罩。用随便的颜色画一很窄的矩形，转换成元件，一定要与纸相同高，右键单击该层第一帧——创建补间动画，在第20帧处单击右键插入关键帧，使用自由变换工具，将其宽度修改成文档宽度，右键单击遮罩层，选择"遮罩"，效果如图3-38所示。

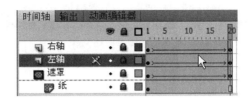

图 3-38　卷轴展开的"层"和"时间轴"效果

注意：由于遮罩层在左右轴的下面，在绘制矩形的时候会被上面两层的图片遮住，可以隐藏左轴和右轴的画面，等绘制完遮罩层后，再显示左轴和右轴层的图片。

④ 制作写字动画。步骤如前面"手写字.fla"例子。使用橡皮擦工具，将文字按照笔画相反的顺序，倒退着将文字擦除，每擦一次按 F6 键一次（即插入一个关键帧），每次擦去多少决定写字的快慢。时间轴效果如图 3-39 所示。

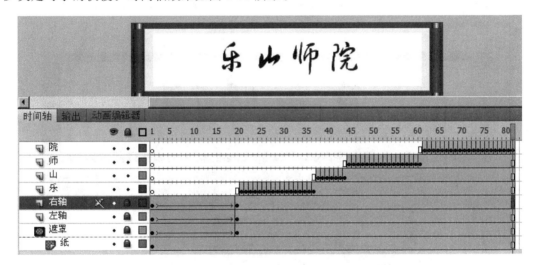

图 3-39　动画的时间轴效果

⑤ 制作毛笔动画。在字图层上面新建一层，命名为"笔"。在该图层第 20 帧处插入关键帧，使用任意变形工具将其调整到合适的大小和起笔的位置。可以借助绘图纸帮助找到起笔位置。

按 F6 键插入关键帧，并移动毛笔，使毛笔始终随着笔画最后的位置走。效果如图 3-40 所示。

如果有直线笔画，可以使用补间动画一直走到最后一帧，最后效果如图 3-41 所示。

⑥ 若还想要最后的效果保持一个时间段，可以单击"纸"图层的第 120 帧，按住 Shift 键单击"笔"图层的 120 帧，选中所有图层的第 120 帧，右击，快捷菜单中单击插入帧。这样所有图层的效果就可以延续到第 120 帧了。

⑦ 在"笔"图层的第 100 帧插入关键帧，单击第 85 帧，设置补间动画。并把第 100 帧的"笔"元件拖到合适的地方存放，效果如图 3-42 所示。

（5）测试，如果效果满意，存盘。发布。

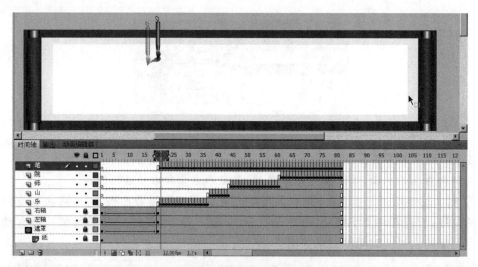

图 3-40 添加"笔"的动画

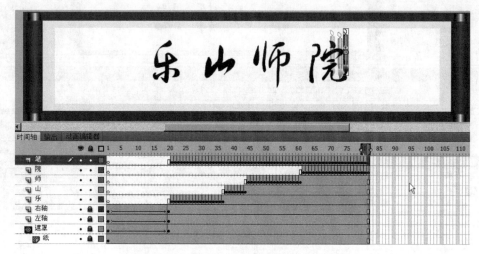

图 3-41 最后效果

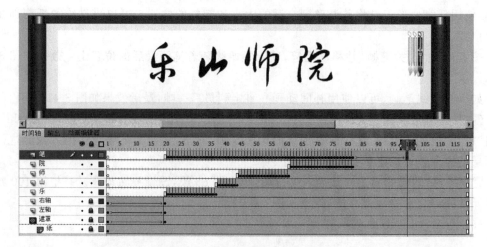

图 3-42 把"笔"放到卷轴的右边

3.3.5　草原上奔跑的骏马

利用逐帧动画原理,可以制作出很多效果,比如草原上奔跑的骏马,步骤如下。

(1) 新建一个文件,舞台大小为 1000×400 像素,背景是白色,帧频为 80 帧/秒。保存文件名为"草原上奔跑的骏马.fla"。

(2) 导入"素材\草原.jpg"到舞台,使用对齐面板使图片相对舞台居中对齐,命名该图层为"背景",在第 400 帧处插入帧。新建一个图层,命名为"奔马",效果如图 3-43 所示。

图 3-43　导入背景图层

(3) 先来看奔马的运动分解图,如图 3-44 所示。

图 3-44　奔马形态分解图

(4) 单击"插入"|"新建元件",插入"图形"元件 m1,在 m1 舞台上绘制奔马的一个奔跑形态,注意多使用变形工具,便于调整形状。以此类推,绘制 m1～m22 共 22 个奔马的奔跑形态,当然绘制的形态越多,奔马的动作就越细腻。也可以只绘制如图 3-44 所示的 5 个奔马的奔跑形态,重复使用。注意要依次绘制奔马的奔跑形态,不要调换动作的顺序,主要是方便后面制作逐帧动画。后一个形态只需在前一个形态的基础上调整即可。

(5) 单击"插入"|"新建元件",插入"影片剪辑"元件"奔跑",在时间轴上依次逐帧插入 m1~m22 元件的实例,效果如图 3-45 所示。

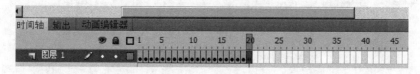

图 3-45　在"奔跑"影片剪辑中插入各个形态的奔马

(6) 回到场景 1 舞台上,在"奔马"层的第一帧,拖入"奔跑"影片剪辑的一个实例,放到 舞台的左边,最好只露出半个马身,效果如图 3-46 所示。

图 3-46　拖入影片剪辑实例

(7) 在第 400 帧处"插入关键帧",拖动"奔马"实例到舞台的右上边(计划中奔马跑出的 位置),最好放到舞台外面,效果如图 3-47 所示。用"任意变形工具"缩小"奔马"实例。这样 有奔马跑到远处,越来越小的感觉。右击"奔马"图层第 1~400 帧中任意一帧,单击"创建传统补间"。在属性面板中设置"缓动"为100(缓动值在−100~1的负值之间,动画运动的速度从慢到快,朝运动结束的方向加速度补间。在1~100的正值之间,动画运动的速度从快到慢,朝运动结束的方向减慢补间。默认情况下,补间帧之间的变化速率是不变的)。

图 3-47　骏马跑出画面

(8) 保存文件,并测试。若效果不满意就继续调整奔马奔跑的路线(即"奔马"图层的补间路径)和帧频、缓动值等。动画截图效果如图 3-48 所示。

图 3-48　动画截图

第 4 章

制作补间形状动画

第 3 章已经学习了逐帧动画的制作,本章将学习一种新的 Flash 动画——补间形状动画。补间形状动画,顾名思义,就是在两个关键帧之间,Flash 根据两个形状的差异,自动生成变形过程的一种动画。

在制作补间形状动画之前,需要首先了解什么是补间。所谓"补间",就是计算机能够根据两个关键帧的内容,自动补齐这两个关键帧之间的动画帧。也就是说,一个 20 帧的动画,如果全部用关键帧动画来实现,那就需要做 20 个关键帧,而用补间来实现,只需做两个关键帧,其余的帧都是由计算机自动完成的。由此可见,在动画中使用补间可以大大提高动画的制作效率。当然,由于关键帧动画和补间的功能及应用场合不同,两者并不能互相替代。

补间形状动画是补间的一种,它可以轻松实现两个关键帧之间的形状、位置、大小、颜色的变化。

4.1 创建补间形状动画

1. 创建两个关键帧

要制作一个补间形状动画,首先需要分别制作两个关键帧,这两个关键帧是补间形状动画的起始帧和结束帧,也分别是动画变形的开始状态和完成状态。需要注意的是,做补间形状动画,这两个帧的内容都要是"形状"。

单击时间轴的第一帧,选择工具栏的矩形工具 ▢,设置笔触颜色为空 ✎ ⟋,填充颜色为红色 ⬧ ▰,然后在舞台左边画一个红色的矩形,这时,第一个关键帧就做好了,如图 4-1 所示。

单击时间轴上需要结束动画的帧,执行"插入"|"时间轴"|"空白关键帧"命令(或者单击鼠标右键,选择"插入空白关键帧"),然后选择工具栏的椭圆工具 ⬭,设置笔触颜色为空 ✎ ⟋,填充颜色为蓝色 ⬧ ▰,然后在舞台右边画一个蓝色的椭圆,这样,第二个关键帧就做好了,如图 4-2 所示。

图 4-1　补间形状动画的第一个关键帧

图 4-2　补间形状动画的第二个关键帧

2. 创建补间形状动画

在创建补间形状动画之前,如果用鼠标选择时间轴上的任意帧,会发觉除了最后一帧是蓝色椭圆外,其余帧都是红色矩形。

在最后一帧之前的任何帧上单击鼠标右键,选择"创建补间形状",第一帧和最后一帧之间会出现一个淡绿色背景的实线箭头,舞台上的形状也变成一个中间状态的形状,至此,最基本的补间形状动画就做好了,时间轴的状态如图 4-3 所示,舞台上的变形效果如图 4-4 所示。

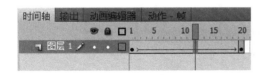

图 4-3 补间形状动画的时间轴状态

图 4-4 补间形状动画舞台某帧的变形状态

执行"控制"|"测试影片"|"测试"命令(或者直接按 Ctrl+Enter 键),就可以看见红色矩形从舞台左边变到右边蓝色椭圆的"补间形状动画"了。

3. 显示补间形状动画的变化过程

以上"补间形状动画"在测试之前,都只能通过选择帧的方式,查看动画过程中的某一个状态,并不能直观地查看整个动画的变化过程。这时,可以单击时间轴下方的绘图纸外观按钮,用鼠标调整时间轴上方的帧范围,使其包含所有帧,整个动画变形的各帧状态都同时显示在舞台上了。时间轴调整如图 4-5 所示,动画变形状态如图 4-6 所示。

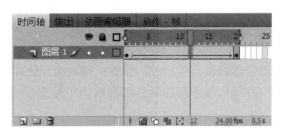

图 4-5 时间轴调整

图 4-6 补间形状动画舞台的全部变形状态

4.2 设置补间形状动画的缓动效果

测试制作好的补间形状动画时,可以发现,两个关键帧之间的动画是匀速的,但实际制作动画的时候,并不总是匀速变化的,有时需要在动画开始的时候变化快点,有时需要在动画结束的时候变化快点,这就需要设置补间形状动画的缓动值。

补间形状动画的缓动值设置在"属性"标签处,默认值为 0,表示无缓动效果;缓动值为正,表示动画效果先快后慢;缓动值为负,表示动画效果先慢后快。缓动值的设置可以直接单击输入合适的缓动值,也可以把鼠标放在缓动值上,当鼠标变成 时,按下鼠标左键,左右移动来调整缓动值,缓动值的变化范围在−100 到 100 之间。

缓动效果下方还有一个"混合"选项,分别有"分布式"和"角形"。"分布式"选项表示形成的动画中间形状比较平滑。"角形"选项表示形成的动画中间形状会留有明显的角和直线。缓动及混合选项设置如图 4-7 所示。

图 4-7　缓动及混合选项设置

4.3　使用形状提示控制补间形状动画

在 4.1 节制作补间形状动画时,可以发现,计算机是根据开始帧和结束帧的内容自动生成中间形状的,不受制作者控制,如果想控制补间形状的中间变化过程,就必须对图形添加形状提示。

添加形状提示的方法如下。

(1)选中开始帧的图形,在菜单栏执行"修改"|"形状"|"添加形状提示"命令(快捷键 Shift+Ctrl+H),则在开始帧的图形上出现一个红色背景的小圆圈 ,这是第一个形状提示。用鼠标将其移动到图形边缘,红色圆圈变成黄色 。

(2)选中结束帧的图形,其上也有一个红色的小圆圈 ,这是与开始帧相对应的形状提示点。用鼠标将其移动到图形边缘,红色圆圈变成绿色 。第一个形状提示设置完成。

(3)依次添加其他的形状提示,并调整其在开始帧和结束帧的位置,直至开始帧所有的形状提示均为黄色,结束帧的形状提示均为绿色。

(4)测试动画,补间形状动画就会按照形状提示所控制的点进行变化。如图 4-8 所示为六边形变形为三角形所添加的形状提示,如图 4-9 所示为添加形状提示后的变形效果,如图 4-10 所示为未添加形状提示的变形效果。

图 4-8　添加形状提示

图 4-9　添加形状提示后的变形效果

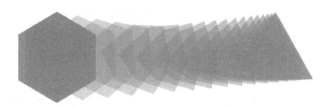

图 4-10　未添加形状提示的变形效果

4.4　实例 4-1——文字变形

1. 创建影片文档

新建一个影片文档,舞台尺寸设置为 550×400 像素,背景色设置为白色。

2. 建立静态文本

选中第一帧,用文本工具在舞台中央写一个"山"字,设置为"传统文本"和"静态文本",大小 120 点,其他选择默认值。

3. 创建不同字体文本

选中第 20 帧,按 F6 键插入关键帧,以同样方式在第 40 帧、60 帧、80 帧插入关键帧,在 100 帧处按 F5 键插入普通帧。分别选中第 1、第 20、第 40、第 60、第 80 帧的文字,设置不同字体,然后按 Ctrl+B 分离文字为形状。

4. 创建补间形状动画

选中第五帧,按 F6 键插入关键帧,以同样方式在第 25 帧、第 45 帧、第 65 帧插入关键帧。在第 5 帧和第 20 帧之间单击鼠标右键,选择"创建补间形状",用同样的方法,分别创建第 25 帧到第 40 帧,第 45 帧到第 60 帧,第 65 帧到第 80 帧的补间形状动画,如图 4-11 所示。

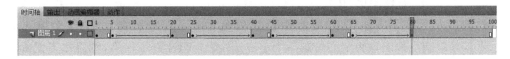

图 4-11　5 种字体之间的形状补间动画

5. 添加形状提示

按 Ctrl+Enter 键进行测试,各种字体之间的变形较乱,不能体现出文字演化变形的特点,需要对每一阶段的变形添加形状提示。选中第五帧,在菜单栏执行"修改"|"形状"|"添加形状提示"命令(快捷键 Shift+Ctrl+H),添加一个形状提示,用鼠标移动该提示点到文

字边缘，然后选中第 20 帧，移动对应的形状提示点到文字边缘，使第 5 帧和第 20 帧的形状
提示点分别变为黄色和绿色，表示形状提示设置成功，用同样方
法添加其他形状提示点。形状提示位置如图 4-12 所示。

图 4-12　形状提示位置

6. 实现文字正确变形动画

参照第一个文字变形动画中的形状提示设置方法，为其他几
段文字变形动画设置形状提示，并调整位置，使每一段变形动画
自然合理。在设置形状提示过程中，如果形状提示点隐藏消失，可以在菜单栏执行"视图"|
"显示形状提示"命令（快捷键 Ctrl＋Alt＋H）来重新显示形状提示。

7. 测试存盘

文字变形的效果如图 4-13 所示，未添加形状提示的文字变形效果如图 4-14 所示。

图 4-13　添加形状提示后的文字变形效果 　　　　图 4-14　未添加形状提示的文字变形效果

4.5　实例 4-2——雨滴

1. 创建影片文档

新建一个影片文档，舞台尺寸设置为 400×290 像素，背景色设置为白色。

2. 创建背景图层

选中第一帧，执行"文件"|"导入"|"导入到舞台"命令，将"素材.jpg"图片导入到舞台
中，调整图片位置 X、Y 坐标均为 0，更改图层名字为"背景层"，在时间轴背景层的第 60 帧
插入帧，使背景画面延续到 60 帧，并单击 🔒 按钮将背景层锁定。

3. 创建雨滴下落及涟漪效果

（1）单击"新建图层"按钮 🖺，建一个新的图层，命名为"雨滴下落"。

（2）选择刷子工具 ✏️，选择合适的刷子大小 ● 和刷子形状 ▮，设置填充颜色为白色
🪣 ▢ ，在舞台上方单击一下，绘出一个雨滴。在"雨滴下落"图层的第 10 帧按 F6 键，插
入一个关键帧，移动第 10 帧雨滴到舞台下方合适位置，在第一帧和第 10 帧之间创建补间形
状动画，删除第 10 帧后的所有帧，并单击 🔒 按钮"将雨滴下落"层锁定。

（3）再次单击"新建图层"按钮 🖺，建一个新的图层，命名为"涟漪 1"。在第 10 帧插入
关键帧，选择椭圆工具 ⬭，设置笔触颜色为白色 ✏️ ▢ ，笔触高度为 1，无填充颜色
🪣 ▨ ，以雨滴下部端点为中心绘制一个小椭圆（按住 Ctrl 键不松手，然后按下鼠标左键
并拖动，就可以绘制出以按下鼠标位置为中心的椭圆）。

（4）在第 25 帧插入关键帧，选择任意变形工具 ▦，按下 Shift 和 Ctrl 键，拖动小椭圆四
角的调节手柄，以椭圆圆心为中心等比例放大，然后设置笔触颜色的 Alpha 属性设置为 0。
创建第 10 帧到第 25 帧之间的补间形状动画，删除第 25 帧后的所有帧，并单击 🔒 按钮将"涟
漪 1"层锁定。

（5）再次单击"新建图层"按钮 🖺，新建两个图层，分别命名为"涟漪 2"、"涟漪 3"。选择

"涟漪1"图层的第10到第25帧,单击鼠标右键,选择"复制帧",然后在"涟漪2"图层的第15帧处单击鼠标右键,选择"粘贴帧";在"涟漪3"图层的第20帧处单击鼠标右键,选择"粘贴帧"。把"涟漪2"图层第30帧以后的帧全部删除,把"涟漪3"图层第35帧以后的帧全部删除。这样就完成了一个雨滴落在水面上激起涟漪的动画,如图4-15所示。

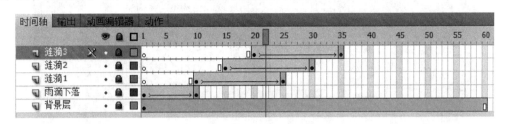

图 4-15 一个雨滴的补间形状动画

4. 实现多个雨滴的动画

(1) 再次单击"新建图层"按钮![icon],建一个新的图层,同时选择"雨滴下落"、"涟漪1"、"涟漪2"、"涟漪3"图层上的所有帧,单击鼠标右键,选择"复制帧",然后在新图层的第10帧处单击鼠标右键,选择"粘贴帧"。这样,就在同样位置生成了第二滴雨滴及涟漪。

(2) 把新粘贴生成的"雨滴下落"、"涟漪1"、"涟漪2"、"涟漪3"图层解锁,单击编辑多个帧按钮![icon],用鼠标调整时间轴上方的帧范围![icon],使其包含解锁图层的所有帧,然后选择所有帧,在舞台上同时移动雨滴和涟漪到合适位置,使其与第一个雨滴产生明显的距离,然后删除所有图层补间形状动画后面多余的帧。这样就完成了第二个雨滴落在水面上激起涟漪的动画。

(3) 用上述方法可再做多个雨滴及涟漪的动画。尽量使不同雨滴出现的时间和位置分布合理。最终的时间轴如图4-16所示。

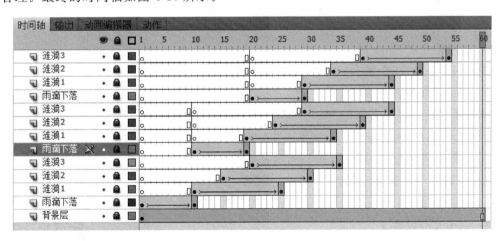

图 4-16 雨滴效果的实现

5. 测试存盘

动画效果的一个片段如图4-17所示。

需要说明的是,用这样的方法来做下雨的效果比较麻烦,特别是要做的雨滴数量较多时,对于图层和帧的操作显得尤为繁杂,而且雨滴出现的时间和位置都是固定的,这样不够真实,要得到更真实的下雨效果,需要把雨滴做成影片剪辑元件,然后用动作脚本代码加以控制,这将在以后的章节中加以实现。

图 4-17　雨滴动画片段

4.6　实例 4-3——摇曳的烛光

1．创建影片文档

新建一个影片文档,舞台尺寸设置为 640×480 像素,帧频设置为 12 帧/秒。

2．创建背景图层

选中第一帧,执行"文件"|"导入"|"导入到舞台"命令,将"素材.jpg"图片导入到舞台中,调整图片位置 X、Y 坐标均为 0,更改图层名字为"背景层",在时间轴背景层的第 29 帧插入帧,使背景画面延续到 29 帧,并单击 🔒 按钮将背景层锁定。

3．制作火苗效果

（1）单击"新建图层"按钮 📄,建一个新的图层,命名为"火苗"。

（2）选择椭圆工具,设置笔触颜色为无 🖊 ▱,填充颜色为线性渐变,左 FF4400 Alpha 为 80％,右 FFFF11, Alpha 为 30％,具体设置如图 4-18 所示。

图 4-18　火苗渐变颜色设置

（3）单击时间轴上的第一帧，从蜡烛芯处开始画椭圆，用渐变变形工具 ![icon] 调整椭圆的颜色为上深下浅，使用选择工具 ![icon] 调整椭圆的形状，使其成为火苗的形状。在第29帧插入关键帧，创建从第1帧到第29帧的补间形状动画。再在第5帧处插入关键帧，继续用选择工具 ![icon] 调整形状，注意不能调整太过，以免变形不规则。以此类推，第9、第13、第17、第21、第25帧都插入关键帧做调整，根据自己的感觉去调整，使火苗伸长和缩短，做成上下窜动的效果，同时加上左右摆动，如图4-19所示。

图4-19 火苗的绘制和调整

（4）单击"新建图层"按钮 ![icon]，建一个新的图层，命名为"光晕"。选择椭圆工具，设置笔触颜色为无 ![icon]，填充颜色为径向渐变，左 FFFF00，Alpha 为50％，中 FFFF66，Alpha 为40％，右 FFFF99，Alpha 为0，具体设置如图4-20所示。

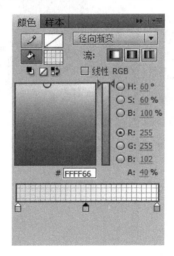

图4-20 光晕渐变颜色设置

（5）在第1帧火苗位置处画一个圆，在第29帧处插入关键帧，建立第1帧到第29帧的补间形状动画，然后在第15帧处插入关键帧，在菜单栏执行"修改"|"变形"|"缩放和旋转"命令（快捷键Ctrl＋Alt＋S），设置缩放比例为160％，如图4-21所示。至此，摇曳的烛光效果就完成了，最终的时间轴如图4-22所示。

图4-21 设置光晕的缩放

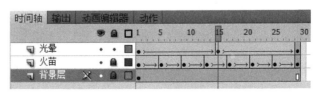

图4-22 摇曳的烛光效果的实现

4. 测试存盘

动画效果的一个片段如图 4-23 所示。

图 4-23　摇曳的烛光动画片段

第 5 章

制作传统补间动画

传统补间动画也是补间的一种,与补间形状动画不同,传统补间动画不是在两个形状之间产生变形,而是同一个元件在不同状态下的变化。

传统补间这个名字,是从 Flash CS4 开始才有的,在此之前,只有补间形状和补间动画两类。Flash CS4 引入了一种新的动画形式,取名叫做补间动画,原来的补间动画就改名为传统补间动画了。关于补间动画的相关知识,将在后面的章节中介绍,本章主要介绍传统补间动画。

传统补间动画实现的是同一个元件在不同位置、颜色、形状、大小之间的变化。

5.1　创建传统补间动画

1. 创建两个关键帧

要制作一个传统补间动画,需要首先制作两个关键帧,这两个关键帧是传统补间动画的起始帧和结束帧,也分别是同一元件的不同状态。需要特别强调的是,传统补间动画,关键帧中的内容一定是元件。现在以 4.1 节中类似的例子来做传统补间动画,大家可以对比第 4 章中相应的内容来体会其中的区别。

单击时间轴的第一帧,选择工具栏的矩形工具 ▦,设置笔触颜色为空 ✏ ▱,填充颜色为红色 ◈ ▬,然后在舞台左边按住 Shift 键画一个红色的正方形,然后右键单击红色的正方形,选择"转换为元件",在弹出的对话框中输入元件名称为"正方形",类型为"图形",这样,第一个关键帧就做好了,如图 5-1 所示。

图 5-1　传统补间制作元件

单击时间轴上需要结束动画的帧,执行"插入"|"时间轴"|"关键帧"命令(或者单击鼠标右键,选择"插入关键帧";也可以直接按 F6 键),然后把正方形移动到舞台的右边,选择工具栏的任意变形工具 ,拖动正方形四周的控制点,调整为倾斜的平行四边形,调整色彩效果的样式为"色调",设置蓝色色调为 100%,这样,第二个关键帧就做好了,如图 5-2 所示。

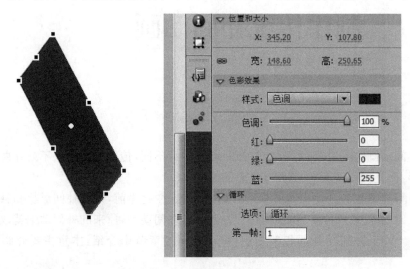

图 5-2　调整后的元件及色调参数

2. 创建传统补间动画

在最后一帧之前的任何帧上单击鼠标右键,选择"创建传统补间",第一帧和最后一帧之间会出现一个淡紫色背景的实线箭头,舞台上的形状也变成一个中间状态的形状,至此,最基本的补间形状动画就做好了,时间轴的状态如图 5-3 所示,舞台上的变形效果如图 5-4 所示。

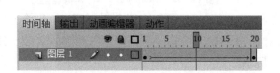

图 5-3　传统补间动画的时间轴状态

图 5-4　传统补间动画舞台某帧变形状态

执行"控制"|"测试影片"|"测试"命令(或者直接按 Ctrl+Enter 键),就可以看见红色矩形从舞台左边变到右边蓝色四边形的"传统补间动画"了。

3. 显示传统补间动画的变化过程

同样,单击时间轴下方的绘图纸外观按钮 ,用鼠标调整时间轴上方的帧范围 ,使其包含所有帧,整个传统补间动画变形的各帧状态都同时显示在舞台上了。时间轴调整如图 5-5 所示,动画变形状态如图 5-6 所示。

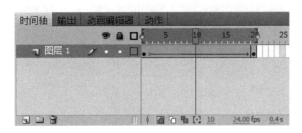

图 5-5　时间轴调整

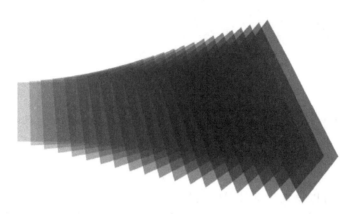

图 5-6　传统补间动画舞台的全部变形状态

5.2　设置传统补间动画的缓动及旋转

1. 缓动

单击时间轴上除最后一帧外的其他任意帧，在属性标签处就可以设置缓动效果了。

与补间形状动画的缓动设置一样，传统补间的缓动值默认为 0，表示无缓动效果；缓动值为正，表示动画效果先快后慢；缓动值为负，表示动画效果先慢后快。缓动值的设置可以直接单击输入合适的数值，也可以把鼠标放在缓动值上，当鼠标变成 时，按下鼠标左键，左右移动来调整缓动值，缓动值的变化范围在 −100 到 100 之间。

与补间形状动画的缓动设置不同的是，传统补间还可以编辑缓动，单击缓动值右边的"编辑缓动"按钮 ，就可以在弹出的"自定义缓入/缓出"对话框中调整缓动曲线，实现传统补间缓动的精确控制。

调整缓动曲线的时候，必须清楚横坐标表示传统补间动画的帧，纵坐标表示补间动画的变化过程。默认无缓动效果时，缓动曲线是从左下角到右上角的直线，说明随着帧的播放，传统补间动画是匀速变化的，一旦调整曲线，传统补间动画就随之改变。要调整缓动曲线，直接用鼠标在曲线上单击，产生一个或多个调节点，同时在调节点的两边有调节手柄，可以拖动调节点和调节手柄来改变缓动曲线的形状，从而产生不同的缓动效果。要删除某个调节点，直接选中该点，按键盘上的 Delete 键即可。调节过程中，还可以单击左下角的播放按钮 来预览缓动效果。曲线的调整如图 5-7 所示。

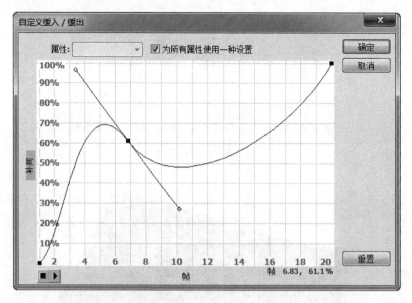

图 5-7　缓动曲线的调整

2. 旋转

　　传统补间除了可以设置缓动外,还可以设置旋转。在旋转设置的下拉菜单项中,分别有"无"、"自动"、"顺时针"、"逆时针"4 个选项,当选择"顺时针"或"逆时针"时,还可以设置旋转的圈数,如图 5-8 所示。

　　传统补间动画的旋转,经常可以用来制作秋天树叶飘落、冬天雪花飞舞的动画,特别是结合路径动画后,可以做出非常好的效果。相关的内容在下一章中将会详细介绍。

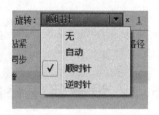

图 5-8　旋转的设置

5.3　制作传统补间动画的注意事项

　　在前面强调过,传统补间动画是同一个元件之间的变化(包括位置、大小、颜色、形状、透明度等属性),但是,实际操作中可以发现,不是同一元件做传统补间动画,也能成功,但是其效果并不是我们所希望得到的。

1. 使用非元件制作传统补间动画

　　(1)在时间轴上的首尾两个关键帧分别绘制不同的矢量图形(就像做补间形状动画一样)。

　　(2)在首尾两帧之间单击鼠标右键,选择"创建传统补间",完成传统补间动画的制作。

　　(3)观察时间轴,的确成功创建了传统补间动画,如图 5-9 所示。但是,测试动画效果,发现两个形状的变化并不和预期情况相同,当单击时间轴下方的绘图纸外观按钮 ▣ ,用鼠标调整时间轴上方的帧范围 █10█ █15█ ,使其包含所有帧,整个传统补间动画变形的各帧状态都同时显示在舞台上,动画各帧状态如图 5-10 所示,红色的方形在最后一帧才突变为蓝色的圆形。

图 5-9 时间轴

图 5-10 突变的传统补间动画

（4）在"库"面板中，新生成了"补间 1"和"补间 2"两个图形元件，如图 5-11 所示。用鼠标单击首尾两帧，发觉两帧内容均不再是形状，而分别是补间 1 和补间 2 两个图形元件。

由此可以看出，虽然两个矢量图形可以直接创建传统补间动画，但是，实际上 Flash 是把两帧中的形状分别转化为两个图形元件，然后再做传统补间动画，虽然形式上是传统补间，但是产生的变化却不是预期的效果。

图 5-11 系统自动生成的图形元件

2. 使用多个元件制作传统补间

（1）首先新建两个影片剪辑元件，分别命名为"红色圆"和"绿色方"，从"库"面板中把"红色圆"元件拖到时间轴的第一帧上，作为起始关键帧，然后从"库"面板中把"红色圆"和"绿色方"元件拖到时间轴的第 20 帧上，作为结束关键帧。至此，起始关键帧中有一个元件，结束关键帧中有两个元件。

（2）在首尾两帧之间单击鼠标右键，选择"创建传统补间"，完成传统补间动画的制作。

（3）观察时间轴，的确成功创建了传统补间动画。但是，测试动画效果，发现两个形状的变化并不和预期情况相同。单击时间轴下方的绘图纸外观按钮 ，用鼠标调整时间轴上方的帧范围 ，使其包含所有帧，整个传统补间动画变形的各帧状态都同时显示在舞台上，动画各帧状态如图 5-12 所示，红色的方形在最后一帧才突变为一圆一方的状态。

图 5-12 突变的传统补间动画

（4）在"库"面板中，新生成了"补间1"图形元件，如图5-11所示。用鼠标单击首尾两帧，发觉第一帧依然是"红色圆"影片剪辑元件，而最后一帧是"补间1"图形元件，该元件由"红色圆"和"绿色方"两个影片剪辑元件构成。

由此可以看出，虽然包含多个元件的两个关键帧之间可以直接创建传统补间动画，但是，实际上Flash是把关键帧中多个元件转化为一个图形元件，然后再做传统补间动画，同样得不到预期的动画效果。

3．结论

（1）做传统补间动画之前，需要首先创建元件，然后做该元件自身变化的动画。

（2）需要做多个元件的传统补间动画时，必须为每个元件单独新建一个图层创建传统补间。

（3）如果"库"面板出现类似"补间1"，……，"补间N"等非手工创建的图形元件，说明传统补间的创建不是很规范，有可能产生了不符预期的传统补间动画。

5．4　补间形状动画和传统补间动画的对比

通过第4章4.1节和本章5.1节的对比，可以发现补间形状动画和传统补间动画有很多相似的地方，同时也有很大的差异，总结如下。

1．相同点

（1）都是首先建立两个关键帧，然后在两个关键帧之间创建动画。

（2）都能实现位置、颜色、大小、形状、不透明度等特征的逐渐变化。

（3）在时间轴上均为实线箭头。

2．不同点

（1）补间形状动画的主体必须是矢量图形，如果不是矢量图形，必须通过Ctrl＋B键进行分离，转换成矢量图形，才能创建补间形状动画；传统补间的主体则要求是元件，如果不是元件，需要转换成元件后才能创建传统补间。

（2）补间形状动画在时间轴上表现为淡绿色背景的实线箭头；传统补间在时间轴上表现为淡紫色背景的实线箭头。无论是补间形状动画还是传统补间动画，如果在时间轴上是虚线，则表示补间制作不成功。

（3）补间形状动画的第一帧与最后一帧既可以是相同形状，也可以是不同形状，动画效果都是逐帧变化的；传统补间动画的第一帧和最后一帧必须是同一元件，如果是不同的元件，则变化效果在最后一帧才会突变。

（4）在非矢量图形的两个关键帧之间，无法建立补间形状动画；在非同一元件的两个关键帧之间，可以建立传统补间，但是，系统会自动把两个关键帧中的内容（导入的图像、文字、矢量图形、多个元件等）转化成图形元件，并自动命名为"补间1"、"补间2"等。

5．5　实例5-1——跳动的足球

1．创建影片文档

新建一个影片文档，舞台尺寸设置为600×400像素，帧频设置为24帧/秒。

2. 导入背景素材

选中第一帧,执行"文件"|"导入"|"导入到舞台"命令,将"背景.jpg"图片导入到舞台中,调整图片位置 X、Y 坐标均为 0,更改图层名字为"背景层",在时间轴背景层的第 100 帧插入帧,使背景画面延续到 100 帧,并单击 🔒 按钮将背景层锁定。

3. 创建足球元件

执行"插入"|"新建元件"命令,新建一个名为"足球"的图形元件,执行"文件"|"导入"|"导入到舞台"命令,将"足球.png"图片导入到舞台中,调整图片位置 X、Y 坐标均为 0。

4. 制作转动的足球

再次执行"插入"|"新建元件"命令,新建一个名为"转动的足球"的影片剪辑元件。把刚才建立的"足球"元件从库中拖到舞台上,调整 X、Y 坐标均为 0,在第 20 帧按 F6 键插入关键帧,然后在第 1 帧和第 20 帧之间添加传统补间,设置旋转为"顺时针"1 圈。"转动的足球"元件就制作完成了。

5. 制作足球的跳动效果

(1) 回到场景 1,新建一个图层,取名为"足球",把刚才建立的"转动的足球"元件从库中拖到舞台左下角之外,然后在第 100 帧处按 F6 键插入关键帧,接着在第 1 帧和第 100 帧之间添加传统补间。

(2) 在第 10 帧插入关键帧,用鼠标移动"转动的足球"元件的实例到背景图案右上方球门横梁的位置,使用任意变形工具 ▦,调整元件实例到合适大小;接着在第 13 帧插入关键帧,移动足球元件实例到右边球门立柱处;再在第 17 帧插入关键帧,移动足球元件实例到下方球门线处。同样,在第 28 帧、第 40 帧、第 55 帧、第 70 帧处插入关键帧,分别调整足球元件实例的位置,使其不断弹跳,逐渐靠近舞台左下角。关键帧设置及足球位置如图 5-13 所示。

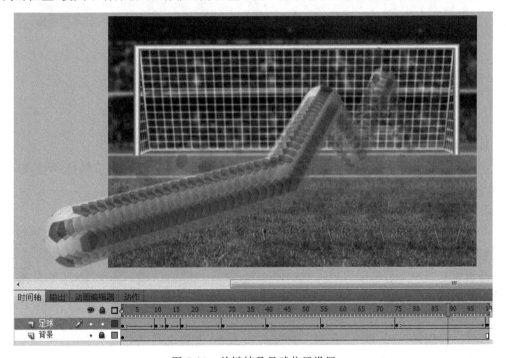

图 5-13 关键帧及足球位置设置

（3）从第17帧足球在球门线的草坪上弹起开始，足球在空中上升的速度应该越来越慢，下降的速度应该越来越快，所以，为了更加真实地展示足球弹跳的样子，应该添加传统补间的缓动效果。根据缓动的特点，在第17帧到28帧之间、第40帧到55帧之间设置缓动值为100；在第28帧到40帧之间、第55帧到75帧之间设置缓动值为－100。

6. 测试存盘

可以看见足球从左下角直飞球门，击中球门横梁反弹到立柱后，从球门线处逐渐弹跳回左下角，整个过程中，足球一直在转动，一次有惊无险的射门动画就此完成。动画效果的一个片段如图5-14所示。

图 5-14   动画片段截图

5.6   实例 5-2——日出日落

1. 创建影片文档

新建一个影片文档，舞台尺寸设置为 $600×400$ 像素，背景色设置为黑色，帧频设置为12帧/秒。

2. 创建背景图层

选中第一帧，执行"文件"|"导入"|"导入到舞台"命令，将"背景. png"图片导入到舞台中，调整图片位置 X、Y 坐标均为0，更改图层名字为"背景层"，把图片转化为图形元件"背景"，然后在时间轴上背景层的第160帧插入帧，使背景画面延续到160帧，并单击 🔒 按钮将背景层锁定。

3. 创建天空背景

新建一个图形元件，取名"天空"，选择椭圆工具，设置笔触颜色为无 ✏ ⬜ ╱ ，填充颜色为线性渐变，左 00EEFF，右 0088FF，绘制一个无框矩形，调整渐变方向为从上到下。颜色设置如图 5-15 所示。

回到场景 1，建一个新的图层，命名为"天空层"，把新建的"天空"元件从库中拖到舞台上，设置其 X、Y 坐标均为 0，然后把"天空层"拖到"背景层"下面，使舞台下部为绿地，上部为天空。单击 按钮将"天空层"锁定。

4. 制作转动的风车

（1）新建一个图形元件，取名为"风车叶片"，使用线条工具 和矩形工具 ，选择自己喜欢的颜色，绘制一个风车叶片，如图 5-16 所示。然后选择整个风车叶片，再复制三份，调整其位置和旋转角度，使 4 部分组成为完整的风车叶片，如图 5-17 所示。

图 5-15　天空渐变颜色设置

图 5-16　一个风车叶片

（2）再次新建一个影片剪辑元件，取名"风车"，使用线条工具 和矩形工具 ，选择自己喜欢的颜色，绘制一个风车支座，然后在第 40 帧处插入帧；新建一个图层，把"风车叶片"元件拖入舞台，使其中心对准风车支座顶部，在第 40 帧处插入关键帧，添加第 1 帧到第 40 帧的传统补间，并设置旋转为"顺时针"1 圈，效果如图 5-18 所示。

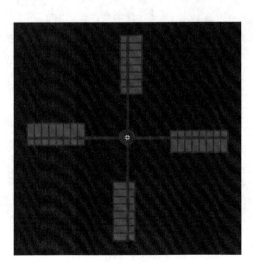

图 5-17　完整的风车叶片

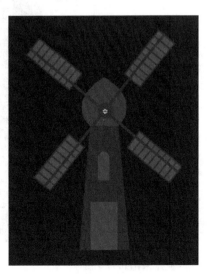

图 5-18　风车的制作

（3）回到场景 1，新建一个图层，命名为"风车层"，把新建的"风车"元件从库中拖到舞台上，调整大小和位置，使其比例符合场景要求。

5．制作发光的太阳

（1）新建一个图形元件，取名为"一束阳光"，使用矩形工具 ▣，设置笔触颜色为无 🖊 ▱，填充颜色为线性渐变，左 FFBB00，Alpha 为 70%，右 FF6600，Alpha 为 0，绘制一个长条状无框矩形，使用选择工具 ▶ 把透明端调整大一些，如图 5-19 所示。

图 5-19　一束阳光

（2）再次新建一个图形元件，取名为"多束阳光"，把"一束阳光"元件拖入舞台，设置其 X、Y 坐标均为 0，使用 ▦ 改变其变形中心点为左边端点，单击变形调板 ▣，选中"旋转"，输入角度为 30°，单击右下角"重制选区和变形"按钮 ▣，复制阳光，使其充满 360°范围，参数设置如图 5-20 所示。

（3）新建一个影片剪辑元件，取名为"太阳"，把"多束阳光"元件拖入舞台，在第 40 帧处插入关键帧，然后创建传统补间，设置旋转为"顺时针"1 圈。然后新建一个图层，在光线中间绘制一个太阳，效果如图 5-21 所示。

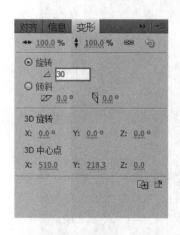

图 5-20　多束阳光的复制　　　　　　　　图 5-21　太阳元件制作

（4）回到场景1，在"背景层"和"风车层"之间新建一个图层，命名为"太阳层"，把新建的"太阳"元件从库中拖到舞台右边，调整大小和位置，使其比例符合场景要求。在第160帧的位置插入关键帧，把太阳平移到舞台左边，然后建立从第1帧到第160帧的传统补间，接着在第80帧处插入关键帧，把太阳位置向上移动到天空顶部，则太阳升起和降落的效果就做好了。

6. 制作云朵飘动的效果

（1）新建一个图形元件，取名为"云1"，将"云1.png"图片导入到舞台中。用同样的方法导入"2.png"，新建另一个图形元件名为"云2"。

（2）回到场景1，在"太阳层"之上新建三个图层，分别取名为"云1层"、"云2层"、"云3层"。把元件"云1"拖入"云1层"舞台，建立从第1帧到第120帧的传统补间，使其形成云朵从左到右飘动的效果。用同样方法在"云2层"上建立从第50帧到第150帧的传统补间。在"云3层"上依然拖入"云1"元件，但是对其进行水平翻转及大小调整，建立从第80帧到第160帧的传统补间。让三片云以不同速度，不同位置从左到右飘动。

7. 制作早晚效果

（1）由于本例动画表现的是太阳升起及降落的效果，所以早晚时间的画面应该比较暗，舞台上的一切对象都应该有一个从暗到亮，最后又变暗的过程。

（2）解锁"天空层"，锁定其他图层，在第40帧和第120帧插入关键帧，从第1帧到第40帧，第120帧到第160帧分别创建传统补间。选中第一帧的"天空"元件，在"属性"选项卡，色彩效果的样式中设置Alpha为10％，参数设置如图5-22所示。同样设置第160帧的"天空"元件的Alpha为10％。

图5-22　设置元件Alpha值

（3）用同样方法设置其他图层上元件的Alpha值，使其在第1帧和第160帧比较暗，从而实现从暗到亮，再从亮到暗的效果。

8. 测试存盘

动画效果的一个截图如图5-23所示。

图 5-23 日出日落动画截图

对于本例,读者还可以自行添加花草人物,分别创建元件,再到主场景做传统补间,从而设计更加丰富的场景动画。

5.7 实例 5-3——电子相册

1. 创建影片文档

新建一个影片文档,舞台尺寸设置为 600×400 像素,背景色设置为白色,帧频设置为 12 帧/秒。

2. 导入全部素材

选中第一帧,执行"文件"|"导入"|"导入到舞台"命令,选择"素材 01. jpg",出现如图 5-24 所示对话框,单击"是"按钮,则所有素材图片被依次导入到舞台上。接着把"背景音乐. mp3"导入到素材库中。

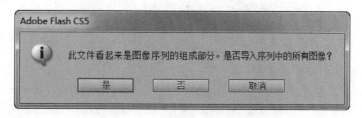

图 5-24 序列图片导入对话框

3. 制作相应的元件

(1)选中第一帧,在舞台上用鼠标右键单击相应的图片,选择"转换为元件",然后输入元件名 01,类型为影片剪辑,单击"确定"按钮完成。用同样的方法把所有图片均转换为影片剪辑元件。

（2）执行"插入"|"新建元件"命令，新建一个名为"标题"的影片剪辑元件，在舞台上输入电子相册标题"绝美风景"，设置为静态文字，选择合适的字体、字号及颜色。然后按两次Ctrl＋B键，分离文字为形状，以保证在所有的机器上显示同样的文字效果。用同样方法建立名为"结尾"的影片剪辑，书写结束语并分离为形状。

4. 制作电子相册转场效果

（1）回到场景1，修改图层名为"图片1"，删除第2帧到第12帧，只保留第1帧。调整第1帧上元件01的大小，使其刚好填满舞台（如果元件长宽比与舞台长宽比不一致，确保元件稍大于舞台，切记不要让舞台留空）。然后在第100帧处插入关键帧，建立从第1帧到第100帧的传统补间，接着在第10帧和第90帧插入关键帧，设置第1帧和100帧上元件01的Alpha为0，在第101帧处插入空白关键帧，这样就完成了第一张图片逐渐显现，然后保持图片静止不动，最后逐渐消失的动画过程。

（2）新建图层，命名为"图片2"，在第100帧处插入关键帧，把"02"元件拖到舞台上，设置X、Y坐标均为0。在第110帧处插入关键帧，建立第100帧到110帧之间的传统补间，设置第100帧处"02"元件的Alpha为0；在第140帧、第160帧处插入关键帧，建立第140帧到160帧之间的传统补间，设置第160帧处"02"元件的高度为400，X、Y坐标均为0；在第190帧、第200帧处插入关键帧，建立第190帧到200帧之间的传统补间，设置第200帧处"02"元件的Y坐标均为-400，使元件"02"往上移出舞台；在第201帧处插入空白关键帧。

（3）回到"图片1"图层，在第190帧处插入关键帧，把"03"元件拖到舞台上，设置宽度为600，X坐标为0，Y坐标为400，即元件"03"紧挨着元件"02"的下边缘，在第200帧处插入关键帧，建立第190帧到200帧之间的传统补间，设置第200帧处"03"元件的X、Y坐标均为0，使元件"03"随着元件"02"一起上升。在第230帧、第260帧处插入关键帧，建立第230帧到260帧之间的传统补间，把第260帧处"03"元件放大；在第290帧、第310帧处插入关键帧，建立第290帧到310帧之间的传统补间，设置第310帧处"03"元件的Alpha为0，在第311帧处插入空白关键帧。

（4）按照上面的方法，轮流在"图片1"和"图片2"图层插入关键帧，并依次插入元件04至12，设置每个元件出现和消失的方式。每一个元件均可设置颜色、大小、位置、旋转、滤镜、Alpha值等，从而形成丰富多样的图片转换效果；为方便起见，每个元件从出现到消失保持在100帧左右。

（5）完成所有图片的展示后，再新建一图层，取名"文字层"，在第10帧插入关键帧，把元件"标题"拖到第10帧舞台上，再在第20帧、第80帧、第90帧插入关键帧，分别建立第10帧到20帧、第80帧到90帧之间的传统补间，设置第20帧、第90帧"标题"元件的Alpha为0，则标题出现及消失的效果就完成了；同样方法，在所有图片展示完成的结尾处，完成结尾文字的显示和消失。

（6）再次新建图层，命名为"音乐"，从库中把"背景音乐.mp3"拖入舞台中，设置声音的同步方式为"数据流"。最终时间轴的表现如图5-25所示。

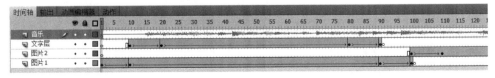

图5-25 电子相册时间轴表现

5. 测试存盘

动画效果的一个片段如图 5-26 所示。

图 5-26　电子相册动画片段

第 6 章

沿路径运动的传统补间动画

Flash CS5 支持两种类型的补间来创建动画,一种是传统补间动画,一种是补间动画。

传统补间动画和形状补间动画都可以使两个图形对象在两点之间的直线上实现渐变,但有时需要一些复杂的动画效果,有很多运动是弧线或不规则的,如飘落的树叶、鱼儿在大海里遨游、蝴蝶在花丛中飞舞等,这就需要用到一个引导线,引导线来指引对象运动,这就是沿路径运动的传统补间动画。

沿路径运动的补间动画只适用于传统补间,也就是说只适用于元件实例、组和文本块。在创建沿路径运动的传统补间时,需要用到一个名为引导层的层,在引导层可以绘制一个路径,来设置渐变动画的实例、组和文本块使它们沿着绘制的路径运动。在设置和创建引导层时,可以使多层传统补间与运动引导层连接以使得这些层上的多个对象沿同一路径运动,也可以为每层分别建立一个引导层。建立引导层后,与运动引导层连接的常规层变为被引导层。

6.1 创建沿路径运动的传统补间动画

1. 创建引导层和被引导层

一个最基本的"引导路径动画"是由两个图层组成的,上面一层是"引导层",它的图层图标为 ,下面一层是"被引导层",图标 同普通图层一样。

右击普通层,执行"添加传统运动引导层"命令,该层的上面就会添加一个"引导层",同时该普通层缩进成为"被引导层",如图 6-1 所示。

图 6-1   沿路径运动的传统补间动画在时间轴上的表现

2. 引导层和被引导层中的对象

引导层是用来指示元件运行路径的,所以"引导层"中的内容可以是用钢笔、铅笔、线条、椭圆工具、矩形工具或画笔工具等绘制出的线段。

而"被引导层"中的对象是跟着引导线走的,可以使用元件实例、组和文本块,但不能应用形状。

由于引导线是一种运动轨迹,不难想象,"被引导"层中最常用的动画形式是动作补间动画,当播放动画时,一个或多个元件将沿着引导路径移动。

3. 向被引导层中添加元件

"沿路径运动的传统补间动画"最基本的操作就是使一个被引导对象"附着"在"引导线"上。所以操作时应特别注意"引导线"的两端,被引导的对象起始、终点的两个"中心点"一定要对准"引导线"的两个端头,如图 6-2 所示。

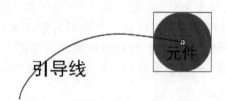

图 6-2　被引导对象"附着"在"引导线"上

在图 6-2 中,"元件"中心的十字形正好对着线段的端头,这一点非常重要,是沿路径运动的传统补间动画顺利运行的前提。

6.2　应用沿路径运动的传统补间动画的技巧

(1)"被引导层"中的对象在被引导运动时,还可作更细致的设置,比如运动方向,把"属性"面板上的"调整到路径"前打上勾,对象的基线就会调整到运动路径。而如果在"贴紧"前打勾,元件的中心点就会与运动路径对齐,如图 6-3 所示。

图 6-3　沿路径运动的传统补间动画的属性设置

(2)过于陡峭的引导线可能使引导动画失败,而平滑圆润的线段有利于引导动画成功制作。

（3）被引导对象的中心对齐场景中的十字形，也有助于引导动画的成功。

（4）向被引导层中放入元件时，在动画开始和结束的关键帧上，一定要让元件的中心点对准引导线的开始和结束的端点，否则无法引导，如果元件为不规则形，可以按下工具栏上的任意变形工具 ，调整中心点。

（5）如果想解除引导，可以把被引导层拖离"引导层"，或在图层区的引导层上单击右键，在弹出的菜单上勾掉"引导层"。

（6）如果想让对象作圆周运动，可以在"引导层"画个圆形线条，再用橡皮擦去一小段，使圆形线段出现两个端点，再把对象的起始、终点分别对准端点即可。

（7）引导线允许重叠，比如螺旋状引导线，但在重叠处的线段必须保持圆润，让 Flash 能辨认出线段走向，否则会使引导失败。

6.3　实例 6-1——秋叶飘飘

1. 创建影片文档

新建一个影片文档，舞台尺寸设置为 550×400 像素，背景色设置为白色。

2. 创建背景图层

选中第一帧，执行"文件"|"导入"|"导入到舞台"命令，将"秋天.jpg"图片导入到舞台中，调整图片大小，利用"对齐"面板将图片调整到舞台中央。在时间轴背景层的第 380 帧插入帧，使背景画面延续到 380 帧，并单击 按钮将背景层锁定。

3. 创建元件

新建一个图形元件，命名为"枫叶"。将"枫叶.png"导入到舞台，利用"对齐"面板使其居中，这时的"库"如图 6-4 所示。

4. 实现秋叶飘飘动画

回到场景 1，在"背景"层上方新建一个图层，命名为"枫叶 1"。从"库"面板中把"枫叶"图形元件拖动到该层的第一帧上，并利用"任意变形工具"调整实例的大小和位置以及方向、倾斜度。在第 380 帧插入一个关键帧，并调整 380 帧中的枫叶的大小、方向、倾斜度。右击第一帧，创建传统补间。

右击"枫叶 1"层，执行"添加传统运动引导层"为"枫叶 1"层添加一个运动引导层，同时"枫叶 1"层变为被引导层。选中"引导层：枫叶 1"，用"铅笔工具"在舞台绘制合适的运动轨迹，然后将"枫叶 1"层中的第 1 帧和第 380 帧中的枫叶拖至引导线上，"中心点"一定要对准"引导线"。

用上述方法可再做多个枫叶层及相应的引导层，这样的层越多秋叶飘飘的效果就越好。在制作时，每一组枫叶层和相应的引导层可以前后错开一段时间，可参照时间轴如图 6-5 所示。

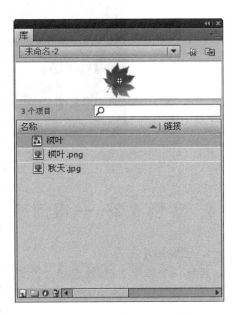

图 6-4　创建"枫叶"元件

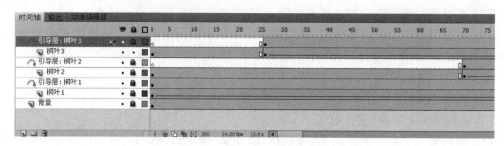

图 6-5 "秋叶飘飘"时间轴表现

5. 配上音乐

在最上面一层再插一个图层,命名为"music"。选中该层第一帧,执行"文件"|"导入"|"导入到舞台"命令,将"爱在深秋.mp3"音乐导入到舞台中,这时会看到"时间轴"上会出现声音对象的波形,说明已经将声音引用到了"music"图层中,如图 6-6 所示。

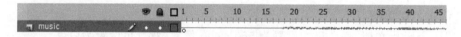

图 6-6 导入音乐

6. 测试存盘

动画效果的一个片段如图 6-7 所示。

图 6-7 "秋叶飘飘"动画片段

6.4 实例 6-2——银河系

1. 创建影片文档

新建一个影片文档,舞台尺寸设置为 550×400 像素,背景色设置为黑色。

2. 创建背景图层

选中第一帧,执行"文件"|"导入"|"导入到舞台"命令,将"银河系.jpg"图片导入到舞台中,调整图片大小,利用"对齐"面板将图片调整到舞台中央。在"时间轴"背景层的第 95 帧

插入帧,使背景画面延续到 95 帧,并单击 按钮将背景层锁定。

3. 创建元件

(1)新建一个图形元件,命名为"星球"。利用"椭圆"工具绘制一个圆球。

(2)新建一个图形元件,命名为"卫星"。将"卫星.png"导入到舞台,利用"对齐"面板使其居中。

(3)新建一个图形元件,命名为"星星"。使用"多角星型工具",并在其"属性"面板上单击"选项"按钮弹出"工具设置"对话框,如图 6-8 所示进行参数设置。在舞台上绘制星星,并使用"白到黑的径向渐变"进行颜色填充。

(4)新建一个影片剪辑元件,命名为"闪烁的星星"。将上面制作的"星星"拖入到舞台第一帧,利用"对齐"面板使其居中,然后分别在第 5 帧和第 10 帧插入关键帧,将第 5 帧上的元件的 Alpha 属性设置为 10%,最后分别在第 1 帧和第 5 帧创建传统补间。

这时的"库"如图 6-9 所示。

图 6-8 设置星型参数

图 6-9 "银河系"库中的元件

4. 实现银河系动画

(1)回到场景 1,在"背景"层上方新建一个图层,命名为"星空"。从"库"面板中把"闪烁的星星"影片剪辑元件拖动到该层的第一帧上,并复制多个分散在画面的星空位置上。以此类推,在该图层的第 10 帧、第 20 帧、第 30 帧、第 40 帧、第 50 帧、第 60 帧、第 70 帧、第 80 帧、第 90 帧分别插入空白关键帧,再向这些帧中复制多个星星分散在画面的星空位置上。

(2)在"星空"层上方新建一个图层,命名为"星球 1"。从"库"面板中把"星球"图形元件拖动到该层的第一帧上,并利用"任意变形工具"调整实例的大小和位置。在第 95 帧插入一个关键帧。右击第一帧,创建传统补间。

右击"星球 1"层,执行"添加传统运动引导层"为"星球 1"层添加一个运动引导层,同时"星球 1"层变为被引导层。选中"引导层:星球 1",用"椭圆"工具在舞台的合适位置绘制一个无填充色的椭圆运动轨迹,并且用"橡皮擦"工具擦出一个缺口,这样运动轨迹就有一个入口和一个出口了。最后将"星球1"层中的第1帧和第95帧中的星球分别拖到椭圆轨迹的两个端口上,"中心点"一定要对准"引导线"。

用上述方法可再做多个星球层及相应的引导层。

(3)在所有的"星球"层做好后,在最上方新建一个图层,命名为"卫星"。从"库"面板中把"卫星"图形元件拖动到该层的第一帧上,并利用"任意变形工具"调整实例的大小和位置。在第95帧插入一个关键帧。右击第一帧,创建传统补间。

右击"卫星"层,执行"添加传统运动引导层"为"卫星"层添加一个运动引导层,同时"卫星"层变为被引导层。选中"引导层:卫星",用"铅笔"工具在舞台的合适位置绘制一个运动轨迹,最后将"卫星"层中的第1帧和第95帧中的卫星分别拖至运动轨迹上,并且"中心点"对准"引导线"。

最终的时间轴如图6-10所示。

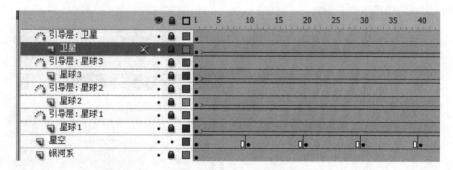

图6-10 "银河系"时间轴表现

5. 测试存盘

动画效果的一个片段如图6-11所示。

图6-11 "银河系"动画片段

6.5　实例 6-3——滚球

（1）创建影片文档。

新建一个影片文档，舞台尺寸设置为 550×400 像素，背景色设置为白色。将"弧形钢板.jpg"导入到舞台，利用"对齐"面板使其居中。将这个图层命名为"钢板"，在第 80 帧插入帧。

（2）创建元件。

新建一个影片剪辑元件，命名为"滚球"。利用"椭圆"工具绘制一个圆并填充为白到黑的径向渐变。

（3）实现"滚球"动画。

返回到场景，在"钢板"图层上新建一个图层并命名为"滚球"，从"库"中把影片剪辑"滚球"拖入到舞台中，右击第 80 帧插入关键帧，再右击该层第一帧，在弹出的快捷菜单中执行"创建传统补间"。

右击"滚球"层，执行"添加传统运动引导层"为"滚球"层添加一个运动引导层，同时"滚球"层变为被引导层。选中"引导层：滚球"图层，用直线工具在钢板左右两端画一直线并利用"选择工具"将直线调整为与钢板弧度相一致的曲线。

将"滚球"层中的第 1 帧和第 80 帧中的滚球拖至引导线的起始和终点端上，"中心点"一定要对准"引导线"。

选中"滚球"层中的第一帧，在"属性"面板中单击"缓动"选项旁边的"编辑缓动"按钮，就会弹出"自定义缓入/缓出"对话框。该对话框显示了一个表示运动程度随时间而变化的坐标图。水平轴表示帧，垂直轴表示变化的百分比（即一个补间动画从开始帧到结束帧之间运动过程的百分比）。为滚球设置如图 6-12 所示的缓动，单击"确定"按钮关闭该对话框，使设置生效，现在就已经创建了一个滚球在钢板上的往返运动了，并且是变速度的滚动了。

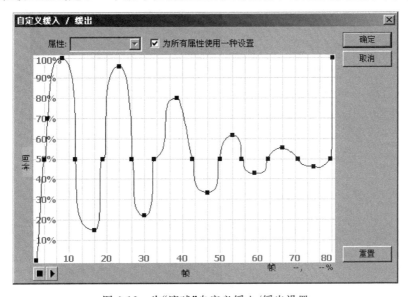

图 6-12　为"滚球"自定义缓入/缓出设置

（4）最后，在引导图层上新建一个图层并命名为"AS"，在第79帧插入关键帧，并在这一帧上添加一句代码"stop()"。

（5）测试存盘。动画效果的一个片段如图6-13所示。

图6-13 "滚球"动画片段

第 7 章

制作补间动画

补间动画是 Flash CS5 中的一种动画类型,是从 Flash CS4 开始引入的。相对于以前版本中的补间动画,这种补间动画类型具有功能强大且操作简单的特点,用户可以对动画中的补间进行最大程度的控制。

Flash CS5 中的"补间动画"动画模型是基于对象的,是将动画中的补间直接应用到对象,而不是像传统补间动画那样应用到关键帧,所以也被称为对象补间。Flash 能够自动记录运动路径并生成有关的属性关键帧。

能够应用对象补间的元素包括影片剪辑元件实例、图形元件实例、按钮元件实例以及文本框实例。如果所选择的对象不是元件,则 Flash 会给出提示对话框,提示将其转换为元件,只有转换为元件后,该对象才能创建补间动画。

对象补间总是有一个运动路径,这个路径就是一条曲线,使用贝赛尔手柄可以轻松更改运动路径。

7.1 创建基于对象的补间动画

7.1.1 创建补间动画

(1)在舞台上创建一个对象,这个对象可以是影片剪辑元件实例、图形元件实例、按钮元件实例以及文本框实例。选中该影片剪辑实例,右击所选的对象或对象所在的当前帧,在弹出的快捷菜单中选择"创建动画补间"命令,就可以看到时间轴被延长了,帧的背景颜色是淡蓝色,这时播放头停在最末的那一帧,如图 7-1 所示。

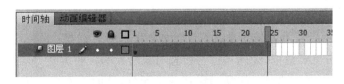

图 7-1　补间动画

(2)移动播放头在任意一个帧,改变在这个帧上对象的属性,可以是位置、色调、透明度、亮度等,这个改变将在该帧创建一个属性关键帧,如果是位置发生变化同时可以发现舞台上出现一个路径线条,线条上有很多节点。每个节点对应一个帧,如图 7-2 所示。注意新建的这个关键帧,它不是普通的关键帧,而被称为"属性关键帧"。注意属性关键帧和普通关键帧的不同,属性关键帧在补间范围中显示为小菱形。但对象补间的第一帧始终是属性关键帧,它仍显示为圆点。注意,属性关键帧与其他补间动画不同,该关键帧仅仅是一个符号,它表示在该关键帧上"对象的属性"有了变化。

图 7-2　路径线条

由于在最末的那一帧改变了对象的 X 和 Y 这两个位置属性,因此在该帧中为 X 和 Y 添加了属性关键帧。

现在已经创建了一个补间动画,按 Enter 键可以播放动画查看效果。注意该时间轴与传统补间动画时间轴不同,帧背景颜色稍深,并且没有箭头。

路径线条显示的是从补间范围的第一帧中的位置到新位置的路径,这也与传统补间动画不同。对于路径线条可以像修改线条那样使用"选择工具"修改路径,将直线路径变形成弧线路径如图 7-3 所示;也可以使用"部分选择工具"像使用贝赛尔手柄那样修改弧线路径(单击一个端点就会出现贝赛尔手柄),如图 7-4 所示。

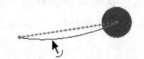

图 7-3　使用选择工具修改路径

图 7-4　使用部分选择工具修改路径

如果在补间范围内改变其中任意一个帧上对象的属性,那么在该帧上就创建了一个新的属性关键帧。如图 7-5 所示,在第 10 帧改变了目标对象的色调,从而创建一个属性关键帧。

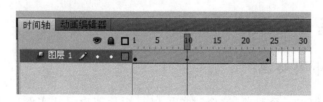

图 7-5　创建新的属性关键帧

7.1.2　创建对象补间的基本规则

创建对象补间的基本规则如下。

(1) 如果对象不是可补间的对象类型(比如形状),或者如果在同一图层上选择了多个对象,这时将弹出一个对话框,询问是否将所选对象转换为元件并创建补间,如图 7-6 所示。单击"确定"按钮将会把所选对象转换为影片剪辑元件,这时会在舞台上同时创建一个影片剪辑实例。创建的对象补间实际是面向新建的影片剪辑实例的。

(2) 如果补间对象是图层上的唯一项,则 Flash 将包含该对象的图层转换为补间图层。如果图层上有其他任何对象,则 Flash 自动插入新图层,并且会根据原始对象的堆叠顺序来将其他对象分布到新插入的层中,并将补间对象放在自己的图层上。

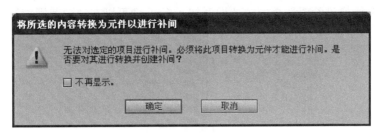

图 7-6 转换元件并创建补间

（3）如果补间对象仅驻留在时间轴的第一帧，则补间范围的长度自动等于一秒的持续时间。例如，默认帧频是 24 帧/秒，则补间范围包含 24 帧。如果帧频不足 5 帧/秒，则补间范围强制为 5 帧。如果补间对象存在于多个连续的帧中，则补间范围将仅仅包含该原始对象占用的帧数。原始对象存在于 30 个连续的帧中，对象补间后的补间范围仍然是 30 个帧。并且注意图层图标的变化。如果图层是常规图层，它将成为补间图层 🔲。如果是引导、遮罩或被遮罩图层，它将成为补间引导 🔦、补间遮罩 🔲 或补间被遮罩图层 🔦。

（4）将鼠标放置在时间轴中补间范围的任一端，当鼠标变为左右双箭头时左右拖动帧可以缩短或延长补间范围。

（5）也可以对影片剪辑进行 3D 旋转或位置进行补间，直接使用"工具箱"中的"3D 旋转工具"或"3D 平移工具"修改对象即可，3D 属性的变化也将新建一个属性关键帧。

（6）如果把另外一个元件实例添加到补间范围中，这时会出现"替换当前补间目标"对话框询问是否替换现有补间目标对象，如图 7-7 所示，单击"确定"按钮将会替换补间中的原始元件实例。这个功能极其有用，当想改变补间动画的内容而不想重做补间中复杂变化的话，只需直接拖放另一个元件替换原有元件实例即可。可以使用任何类型的元件进行替换，如影片剪辑元件实例可以被替换为图形元件实例。

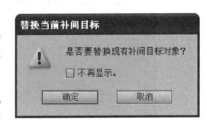

图 7-7 替换补间目标对象

7.1.3 处理补间动画范围

补间图层中两个属性关键帧之间的帧被称为补间范围，它是对象补间的最小构造块。补间动画的范围简单明了、井然有序，却能创建精致的动画，这一点超越了传统补间方法的功能。

（1）为了延长动画的持续时间，可以将范围的左侧边缘或右侧边缘拖动到期望的帧上。根据新的范围长度，Flash 会自动在该范围内插入所有的关键帧。要在范围中添加帧，而不插入现有的关键帧，只需在拖动范围边缘的同时按下 Shift 键，如图 7-8 所示。

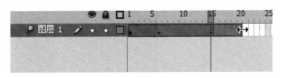

图 7-8 延长补间动画范围

（2）在用鼠标拖过希望选择的帧的同时按下 Ctrl 键可以在动画范围内选择一定范围内的帧，如图 7-9 所示。

图 7-9 选择帧

（3）为了在时间轴上移动某个范围，可以在它上面单击选择它，然后单击并将它拖到该图层的一个新位置，如图 7-10 所示。

图 7-10 移动帧

（4）为了选择动画范围中的某一帧或某个关键帧，按 Ctrl 键，然后单击该帧或关键帧。为了选择动画范围内的一组帧，可在按 Ctrl 键的同时，用鼠标拖过这些帧和希望选择的图层。一旦选中了以后，可将选中内容拖到新的帧中，或在拖动到新帧并按 Alt 键的同时单击它以复制它。对于跨图层和其他动画范围复制动画，这种方式很方便。如果拖动一个动画范围，将它覆盖在一个已有的范围上，那么两个范围共有的帧就会被移动至该位置的动画范围"覆盖掉"，如图 7-11 所示。

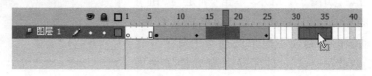

图 7-11 复制帧

（5）为将补间范围分成两个独立的范围，按下 Ctrl 键的同时单击该范围中的某一帧，然后在弹出范围的上下文菜单中选择"拆分动画"命令，如图 7-12 所示。

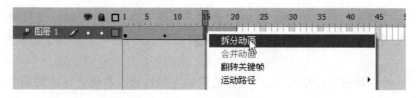

图 7-12 拆分动画

7.2 实例 7-1——西瓜球

1. 创建影片文档

新建一个影片文档，舞台尺寸设置为 550×400 像素，背景色设置为白色。

2. 创建背景图层

选中第一帧,执行"文件"|"导入"|"导入到舞台"命令,将"滑梯.png"图片导入到舞台中,调整图片大小和位置。在"时间轴"背景层的第35帧插入帧,使背景画面延续到35帧。右击舞台中的滑梯,执行快捷菜单中的"转换为元件"将其转换为影片剪辑。在"属性"面板中对该影片剪辑的滤镜设置如图7-13所示的属性使滑梯具有立体效果。最后单击 🔒 按钮将背景层锁定。

图7-13 为"滑梯"设置滤镜属性

3. 创建"扶手"图层

为了能够让皮球看上去是在滑梯上运动,滑梯的扶手是要遮挡到皮球的。为此,我们要创建一个"扶手"图层。在"背景"图层上新建一个"扶手"图层,将"扶手.png"导入到舞台,并依照步骤2将"扶手"转换为影片剪辑,同时设置它的"滤镜"属性使其看上去具有立体效果。最好调整好它在舞台中的位置。

4. 创建"皮球"元件

在"背景"图层和"扶手"图层之间创建一个"皮球"图层,将"皮球.png"导入到舞台,并依照步骤2将"皮球"转换为影片剪辑,同时设置它的"滤镜"属性使其看上去具有立体效果。调整"皮球"元件到适合位置。

5. 实现皮球滚动动画

右击"皮球"图层第一帧,在快捷菜单中执行"创建补间动画",如图7-14所示。

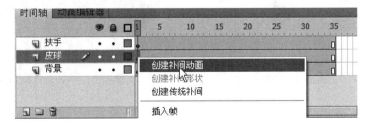

图7-14 创建补间动画

移动播放头到第15帧,改变这帧上皮球的位置,如图7-15所示。

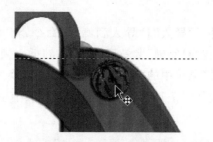

图 7-15　改变皮球位置

　　同样地,将播放头移至第 35 帧,再次改变皮球的位置。这时,时间轴上的第 15 帧和第 35 帧会出现属性关键帧,舞台上出现一个路径线条,线条上有很多节点.每个节点对应一个帧,如图 7-16 所示。

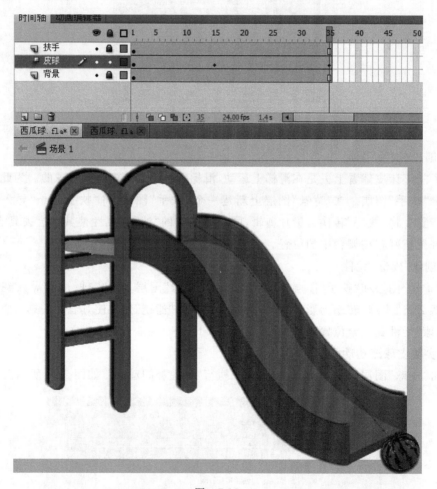

图　7-16

　　使用部分选择工具像使用贝赛尔手柄那样修改弧线路径,调整皮球的滚落路径。最后,单击"皮球"图层中的第一帧,在"属性"面板中设置"缓动"和"旋转"参数,如图 7-17 所示。这样皮球的滚落速度和滚落效果就更逼真了。

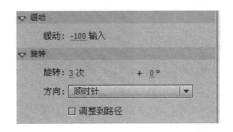

图 7-17 皮球缓动、旋转参数设置

6. 测试存盘

动画效果的一个片段如图 7-18 所示。

图 7-18 "西瓜球"动画片段

7.3 实例 7-2——禁止吸烟

1. 创建影片文档

新建一个影片文档,舞台尺寸设置为 550×100 像素,背景色设置为蓝色。

2. 创建元件

执行"插入"|"新建元件",创建一影片剪辑,命名为"为"。使用"文本工具"在舞台中央书写一个"为"字,并调整适当的文字大小和字体。使用相同方法,再制作"了"、"您"、"和"、"家"、"人"、"的"、"健"、"康"、"请不要吸烟"文字的影片剪辑。最后,导入"nosmoking.png"图片创建一名为"标志"的影片剪辑。元件创建完后的"库"面板如图 7-19 所示。

3. 实现"禁止吸烟"动画

(1) 返回到场景,为每个文字影片剪辑和"标志"影片剪辑各建立一个图层。单击"为"图层的第一帧,将"为"影片剪辑拖到舞台的合适位置,右击该图层第一帧选择"创建补间动画"。将第一帧中"为"的元件实例的 Alpha 属性设置为 0,再将播放头移至第 24 帧,设置该帧上元件实例的 Alpha 属性为 100%。

图 7-19　创建元件

（2）在"时间轴"的"为"图层上，将鼠标放置动画范围的右侧边缘向左拖动至第10帧上。右击"为"图层的动画范围，执行"复制帧"命令，然后右击"了"图层的第二帧，执行"粘贴帧"命令并将动画范围的右侧边缘拖至第15帧。从"库"面板中将"了"影片剪辑拖至舞台合适位置如图7-20将"了"元件调整到合适位置。这时，在弹出的"替换当前补间目标"对话框中单击"确定"按钮，如图7-7所示。

（3）使用相同方法，创建"您"、"和"、"家"、"人"、"的"、"健"、"康"图层上的动画。然后在各个图层的第54帧插入帧用来延续动画，并右击第54帧，在弹出的快捷菜单中执行"拆分动画"同时将动画范围拖至第68帧。改变各个图层上第68帧对应的元件实例的Alpha属性为0、高设置为8px，这时的时间轴如图7-21所示。

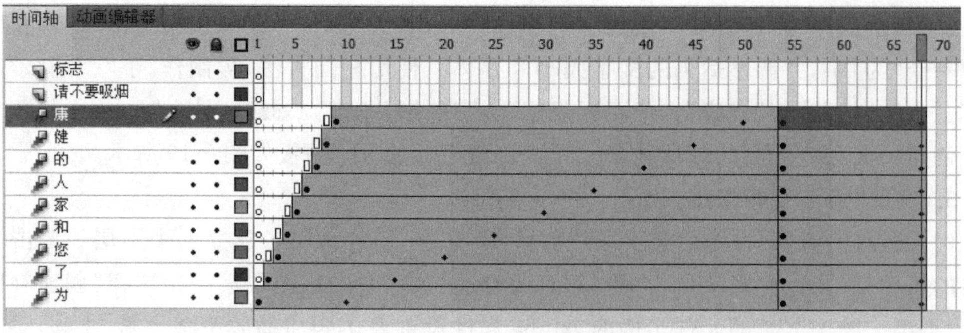

图 7-20　将"了"元件调整到合适位置

图 7-21　"禁止吸烟"动画时间轴

（4）在"请不要吸烟"图层的第 68 帧创建空白关键帧,将"请不要吸烟"影片剪辑拖到舞台的合适位置,右击该图层第 68 帧选择"创建补间动画"并将动画范围拖至第 87 帧。

使用任意变形工具将第 68 帧中"请不要吸烟"的元件实例成正比例缩小,再将播放头移至第 78 帧,将该帧上的元件实例适当成正比例放大。

按住 Ctrl 键同时单击第 87 帧以选中第 87 帧,右击第 87 帧执行"拆分动画",并将动画范围拖至第 120 帧。播放头移至第 96 帧,将该帧上的"标志"元件实例的 Alpha 属性设置为 0,并将实例的位置调至垂直下方的舞台外。在属性面板中设置该动画范围的"缓动"属性为 −100。

（5）在"标志"图层的第 87 帧创建空白关键帧,将"标志"影片剪辑拖到舞台外的合适位置,右击该图层第 87 帧选择"创建补间动画"并将动画范围拖至第 120 帧。

将播放头移至第 87 帧,将该帧上元件实例的 Alpha 属性设置为 0,在属性面板中设置该动画范围的"缓动"属性为 100。再将播放头移至第 96 帧,将该帧上元件实例的 Alpha 属性设置为 100％,并将实例的位置调至舞台中心。

"请不要吸烟"图层和"标志"图层的时间轴如图 7-22 所示。

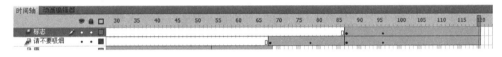

图 7-22　时间轴显示

4. 测试存盘

动画效果的一个片段如图 7-23 所示。

图 7-23　"禁止吸烟"动画效果片段

7.4　补间动画和传统补间之间的差异

（1）传统补间使用关键帧。关键帧是其中显示对象的新实例的帧。补间动画只能具有一个与之关联的对象实例,并使用属性关键帧而不是关键帧。

（2）补间动画在整个补间范围上由一个目标对象组成。传统补间是在两个关键帧之间进行补间,其中包含相同或不同元件的实例。

（3）补间动画和传统补间都只允许对特定类型的对象进行补间。在创建补间动画时,会将不能进行动画制作的对象类型转换为影片剪辑。而在创建传统补间动画时,会将它们转换为图形元件。

（4）补间动画会将文本视为可补间的类型，而不会将文本对象转换为影片剪辑。传统补间会将文本对象转换为图形元件。

（5）在补间动画范围上不允许帧脚本。传统补间允许帧脚本。补间目标上的任何对象脚本都无法在补间动画范围的过程中更改。

（6）可以在时间轴中对补间动画范围进行拉伸和调整大小，并将它们视为单个对象。传统补间包括时间轴中可分别选择的帧的组。要选择补间动画范围中的单个帧，就要按住Ctrl键的同时单击该帧。

（7）对于传统补间，缓动可应用于补间内关键帧之间的帧组。对于补间动画，缓动可应用于补间动画范围的整个长度。若要仅对补间动画的特定帧应用缓动，则需要创建自定义缓动曲线。

（8）利用传统补间，可以在两种不同的色彩效果（如色调和 Alpha 透明度）之间创建动画。补间动画可以对每个补间应用一种色彩效果。

（9）只可以使用补间动画来为 3D 对象创建动画效果。无法使用传统补间为 3D 对象创建动画效果。

（10）只有补间动画可以另存为动画预设。

（11）在同一图层中可以有多个传统补间或补间动画，但在同一图层中不能同时出现两种补间类型。

7.5 使用动画预设

动画预设是预配置的补间动画，可以使用"动画预设"面板对选择的对象应用这些动画效果。执行"窗口"|"动画预设"命令，就可以弹出"动画预设"面板，如图 7-24 所示。使用预设可极大地节约项目设计和开发的生产时间，特别是在经常使用相似类型的补间时。值得注意的是，动画预设只能包含补间动画，传统补间不能保存为动画预设。

比如，选中舞台上要应用对象补间的对象，打开"动画预设"面板中的"默认预设"文件夹，从中选择一个动画预设，然后单击面板底部的"应用"按钮就可以将该动画预设应用到选中的对象了，图 7-25 显示了应用大幅度跳跃效果后舞台上的路径。

也可以将自己创建的动画保存为"动画预设"，以便以后应用到其他对象。只需选择已经创建动画的补间对象，单击"动画预设"面板底部的"将选区另存为预设"按钮，弹出"将预设另存为"对话框，如图 7-26 所示。

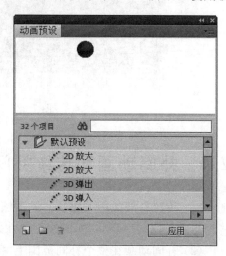

图 7-24 "动画预设"面板

使用动画预设是学习在 Flash 中添加动画的基础知识的快捷方法。一旦了解了预设的工作方式后，自己制作动画就非常容易了。

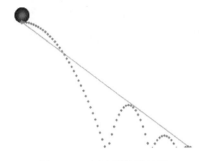

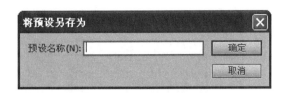

图 7-25 大幅度跳跃效果　　　　图 7-26 "将预设另存为"对话框

7.6 实例 7-3——珍爱生命

1. 创建影片文档

新建一个影片文档,舞台尺寸设置为 550×150 像素,背景色设置为黑色。

2. 创建影片剪辑元件

执行"插入"|"新建元件",创建一个名为"心"的影片剪辑。使用绘图工具在舞台上绘制一个如图 7-27 所示的心形图形。

执行"插入"|"新建元件",再创建一个名为"跳动的心"的影片剪辑。把上面创建的"心"影片剪辑从"库"中拖到舞台中心。

3. 实现"心"跳动画

选中"跳动的心"影片剪辑中的第一帧,在"动画预设"面板中选择"脉搏"后单击"应用"按钮,如图 7-28 所示。再将动画范围拖至第 60 帧,这时的"时间轴"如图 7-29 所示。

图 7-27 "心"影片剪辑　　　　图 7-28 "动画预设"面板

选中舞台中的"心"影片剪辑为其添加"斜角"和"投影"两种滤镜属性,参数如图 7-30 所示。设置好后的效果如图 7-31 所示。

图 7-29　时间轴效果显示

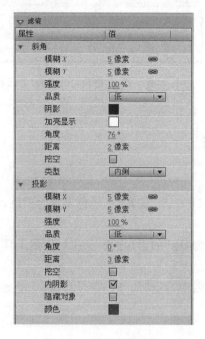

图 7-30　设置滤镜参数　　　　　图 7-31　"心"的立体效果

回到舞台,创建一个"爱心"图层,将"跳动的心"影片剪辑拖到舞台合适位置,并在第 50 帧插入帧。

4. 实现"文字"动画

在"爱心"图层下再创建一个"文字"图层。使用"文本工具"在舞台上写上"珍爱生命"并调整文字大小及字体。

选中"爱心"图层中的第一帧,在"动画预设"面板中选择"从左边模糊飞入"后单击"应用"按钮。调整第一帧中文字的位置到舞台外左边,调整第 15 帧中文字的位置到"心"图像的正下方。在 50 帧处插入帧。这时的"时间轴"如图 7-32 所示。

5. 测试存盘

动画效果的一个片段如图 7-33 所示。

图 7-32　"珍爱生命"时间轴效果显示　　　　图 7-33　"珍爱生命"
　　　　　　　　　　　　　　　　　　　　　　　　　　　动画片段

第 **8** 章

制作遮罩动画

遮罩动画是 Flash 中的一个很重要的动画类型,很多效果丰富的动画都是通过遮罩动画来完成的,如放大镜、图像切换、波光粼粼、万花筒、火焰背景文字、光辉文字、百叶窗等都是实用性很强的动画。

制作遮罩动画至少需要两个图层,即遮罩层和被遮罩层。在时间轴上,位于上层的图层是遮罩层,这个遮罩层中的对象就像一个窗口一样,透过窗口可以看到位于其下方的被遮罩层中的区域。而任何窗口之外的区域都是不透明的,被遮罩层在此区域中的图像将不可见。

遮罩的原理非常简单,但其实现的方式多种多样,特别是和补间动画以及影片剪辑元件结合起来,可以创建千变万化的形式。

在本章,我们除了给大家介绍"遮罩"的基本知识,还结合我们的实际经验介绍一些"遮罩"的应用技巧,以加深对"遮罩"原理的理解和实际应用的理念。

8.1 创建遮罩

对于探照灯效果、风景字效果和其他复合变换效果的产生,可以通过创建一个遮罩层,在这一层可以设置各种形状的"窗口",比如文字形状的"窗口",五角星形状的"窗口",花型的"窗口"等。只有在这些"窗口"处才能显示下一层相应部分的内容,可以将多层共同置于遮罩层下作为被遮罩层从而产生复杂的效果,还可以使用除路径补间动画以外的任何动画使遮罩层移动,这就是遮罩。

要创建一个遮罩层,必须放置一个填充形状,也就是我们前面提到的"窗口",如果不在遮罩层上放置颜色填充对象,就好比没有"窗口",那么与它连接层的所有对象都将看不到。

如图 8-1 所示,一个文本位于一幅图片的顶部,两者位于两个图层之上。图 8-1(a)为正常情况下图形叠加的效果,图 8-1(b)使用了遮罩,可以看到,文字产生了一个"窗口",遮罩仅使"窗口"下的图形可见。

遮罩的创建过程如下。

(1) 新建一个文档,从主菜单中选择"文件"|"导入"|"导入到舞台"命令,在弹出的"导入"对话框中选择一个图片,单击"确定"按钮就可以将该图片导入到舞台上,调整图片到合适位置。

(2) 在"时间轴"面板中单击"新建图层"按钮新建一个层,保持该层在图片所在层的上方。单击"工具箱"中的"文本工具",在舞台上输入文字。可以输入任意多的文字,因为是使用遮罩,所以最好选择"粗壮"的字体和较大的字号,并且保证文字与图片有交合部分。注意,遮罩效果与遮罩层中字体的颜色或者填充图形的颜色无关,而与遮罩层中文字或图形的形状以及被遮罩层的样式或颜色有关。

(a)   (b)

图 8-1 文字遮罩效果

（3）在文字所在图层的层图标上右击,在弹出的右键菜单中选择"遮罩层"命令,如图 8-2 所示,这样就会将当前层转换成遮罩层,而紧挨其下的层同时被转换成被遮罩层,这时的时间轴如图 8-3 所示。一个遮罩效果就完成了,效果如图 8-1 所示。

图 8-2 创建遮罩

图 8-3 遮罩的时间轴表现效果

在 Flash 中没有一个专门的按钮来创建遮罩层,遮罩层其实是由普通图层转化的。你只要在某个图层上单击右键,在弹出菜单中选择"遮罩层",使命令的左边出现一个小勾,该图层就会生成遮罩层,层图标就会从普通层图标 变为遮罩层图标 ,系统会自动把遮罩层下面的一层关联为"被遮罩层",在缩进的同时图标变为 ,如果想关联更多被遮罩层,只要把这些层拖到被遮罩层下面就行了。

原理和创建方法非常简单,关键是如何灵活使用遮罩,再与 Flash 其他的功能、动画结合起来创建令人惊异的效果。

8.2　构成遮罩层和被遮罩层的元素

遮罩层中的图形对象在播放时是看不到的,遮罩层中的内容可以是按钮、影片剪辑、图形、位图、静态文字等,但不能使用线条,如果一定要用线条,可以执行"修改"|"形状"|"将线条转化为填充"命令,这样就可以将线条用在遮罩层中了。

被遮罩层中的对象只能透过遮罩层中的对象被看到。在被遮罩层,可以使用按钮、影片剪辑、图形、位图、静态文字、线条。

在制作遮罩动画时,可以在遮罩层、被遮罩层中分别或同时使用形状补间动画、动作补间动画等动画手段,从而使遮罩动画变成一个可以施展无限想象力的创作空间。

在 Flash 中,遮罩动画和引导动画必须复合着用,不能"图层 1"被"图层 2"遮罩又被"图层 3"引导的。这种情况可以用两种方法来解决:一是把遮罩和被遮罩做到一个元件里,再用这个元件去做引导动画;二是把引导动画做到一个影片剪辑元件里,再把这个影片剪辑用到遮罩动画中。

8.3　遮罩层作为动画层

将遮罩层作为动画层来创建复合的动画效果,这一般用于那些静态图片中。本节将用大量的实例让读者体会遮罩的神奇魅力。

8.3.1　实例 8-1——图像切换效果

图像的切换是最常用的动画效果了,切换形式可以千变万化,它的切换形式取决于遮罩层中的动画方式。

在这个实例中实现了 5 种切换图像的动画效果。为了使每一个遮罩动画更独立,分别创建了 5 个影片剪辑的动画,同时加上了一些简单的代码,使实例更具欣赏性。读者在学习时可分别实现这些切换效果。下面来看一下创作过程。

(1) 新建一个文档,将当前层命名为"背景",选中第一帧,使用"文本工具"在舞台中央写上"绚丽的花"字样,并设置适当的字体、字号,如图 8-4 所示。

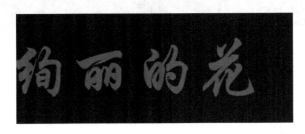

图 8-4　输入文字

(2) 从主菜单中选择"文件"|"导入"|"导入到舞台"命令,将素材中的 f1.jpg、f2.jpg、f3.jpg、f4.jpg、f5.jpg 图片导入到"库"。

(3) 选中"背景"层中的第二帧至第五帧,右击后执行"插入空白关键帧"命令。选中第二帧，从"库"中将 f1.jpg 图片拖到舞台中央，并调整图片大小使其与舞台大小一致。以此类推，再分别将 f2.jpg、f3.jpg、f4.jpg 图片依次从"库"中拖到第三帧、第四帧、第五帧所对应的舞台中央，并调整图片大小使其与舞台大小一致，锁定"背景"层。

（4）在"背景"的上方再创建一图层命名为"花"。与（1）类似，分别在该层的第一帧至第五帧"插入空白关键帧"，再从"库"中依次将 f1.jpg、f2.jpg、f3.jpg、f4.jpg、f5.jpg 图片从"库"中拖到第一帧、第二帧、第三帧、第四帧、第五帧所对应的舞台中央，并调整图片大小使其与舞台大小一致，锁定"花"层。

（5）在"花"图层的上方再创建一图层命名为"动画"。分别在该层的第一帧至第五帧"插入空白关键帧"。从主菜单中选择"插入"|"新建元件"命令分别创建 5 个影片剪辑，依次命名为"动画 1"、"动画 2"、"动画 3"、"动画 4"、"动画 5"。

（6）返回场景，选中"动画"层中的第一帧，将影片剪辑"动画 1"从"库"中拖到舞台上，这时在舞台上只能看到一个如图 8-5 所示的小圆点，双击小圆点，进入"动画 1"的编辑舞台。

图 8-5　影片剪辑在舞台中表现的小圆点

"动画 1"场景中将设计一个由左右线条插入到场景中的一个动画，这就要求左右线条完全插入场景后要刚好覆盖整个舞台。为此，首先使用"矩形工具"在舞台上绘制一个 550×400 的矩形正好覆盖舞台，再使用"选择工具"分别框选出左右两组线条（注意，上下相对位置不变）并置于舞台左右两侧，把其中一组线条剪切到另一个图层的当前位置，如图 8-6 所示。

图 8-6　制作两组线条

在左右线条所处的两个图层中的第 95 帧分别插入关键帧，在第一帧处创建传统补间动画，并将第 95 帧上的左右两组线条分别向右向左平移到舞台正中使得两组线条刚好覆盖舞台。

最后在第 95 帧处添加一句代码"_root.gotoAndStop(2);"，如图 8-7 所示。

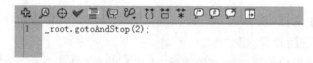

图 8-7　添加代码

这时"动画1"的编辑舞台如图8-8所示。

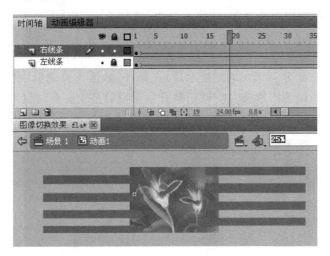

图8-8 "动画1"的舞台效果

返回场景,在第一帧处添加一句代码"stop();"。

(7)选中"动画"层中的第二帧,将影片剪辑"动画2"从"库"中拖到舞台上,双击舞台上的小圆点,进入"动画2"的编辑舞台。

"动画2"场景中我们将设计一个矩形块从舞台的右上方向左下方逐渐推出的一个动画。在第1帧对应的舞台的右上方绘制一个小矩形,在第95帧处插入关键帧,在第1帧处创建传统补间动画,分别将第1帧和第95帧的小矩形的中心点调至右上角,再将第95帧的小矩形向舞台左下方拖至覆盖整个舞台。最后在第95帧处添加一句代码"_root.gotoAndStop(3);",这时"动画2"的编辑舞台如图8-9所示。

图8-9 "动画2"的舞台效果

返回场景,在第二帧处添加一句代码"stop()"。

(8)选中"动画"层中的第三帧,将影片剪辑"动画 3"从"库"中拖到舞台上,双击舞台上的小圆点,进入"动画 3"的编辑舞台。

"动画 3"场景中将设计一个矩形条同时向舞台的左右两边展开的动画。在第一帧对应的舞台中央绘制一个高为 400px 的矩形小条,在第 95 帧插入关键帧,在第一帧创建传统补间动画,最后将第 95 帧的矩形条左右两边展开直至覆盖整个舞台,最后在第 95 帧处添加一句代码"_root.gotoAndStop(4);",这时"动画 3"的编辑舞台如图 8-10 所示。

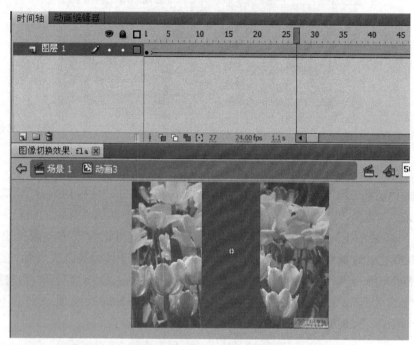

图 8-10　"动画 3"的舞台效果

返回场景,在第三帧处添加一句代码"stop()"。

(9)选中"动画"层中的第四帧,将影片剪辑"动画 4"从"库"中拖到舞台上,双击舞台上的小圆点,进入"动画 4"的编辑舞台。

"动画 4"场景中将设计一个圆点型的马赛克逐帧动画。实际上就是靠一点点地增加小圆点来增加范围,直到完全覆盖舞台。最后在第 95 帧处添加一句代码"_root.gotoAndStop(5);","动画 4"的编辑舞台如图 8-11 所示。

返回场景,在第四帧处添加一句代码"stop();"。

(10)选中"动画"层中的第五帧,将影片剪辑"动画 5"从"库"中拖到舞台上,双击舞台上的小圆点,进入"动画 5"的编辑舞台。

"动画 5"场景中我们将设计一朵花在舞台中央旋转并放大直至覆盖整个舞台的动画。在这个动画的第 95 帧处添加一句代码"_root.gotoAndStop(6);","动画 4"的编辑舞台如图 8-12 所示。

返回场景,在第五帧处添加一句代码"stop();"。

(11)在"动画"图层上右击,在弹出的右键菜单中选择"遮罩层"命令,就会将当前层转

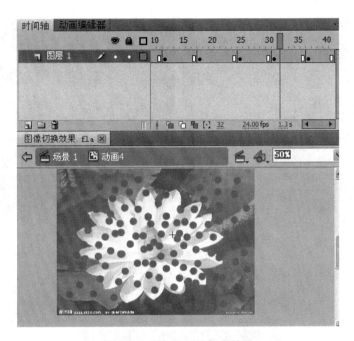

图 8-11 "动画 4"的舞台效果

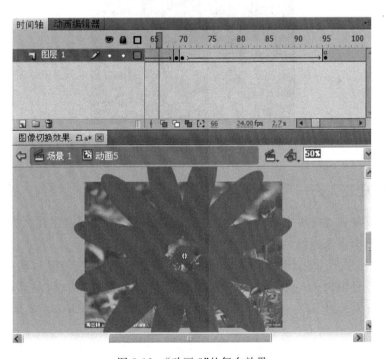

图 8-12 "动画 5"的舞台效果

换成遮罩层,而紧挨其下的"花"层同时被转换成被遮罩层。至此这个图片切换的实例就完成了。

(12) 测试存盘。

动画效果的片段如图 8-13 所示。

图 8-13 "图像切换效果"动画片段

8.3.2 实例 8-2——电影字幕

在影片中都看到过一段字幕从屏幕的一方滚动到另一方,可以在被遮罩层使用 Alpha 透明度实现字幕渐进渐退的效果。

(1)新建一个文档,舞台背景为黑色。将当前层命名为"渐变背景",选中第一帧,使用"矩形工具"在舞台中央画一个颜色为渐变的矩形,填充色为线性状从左至右依次为白色,Alpha 从左至右依次为 10%,100%,10%,如图 8-14 所示。单击第 285 帧插入帧用来延长背景。

(2)在"渐变背景"层上面再建一个图层命名为"字幕"。使用"文本工具"在舞台中央写一段电影字幕,字体颜色为白色。

(3)右击"字幕"层,创建补间动画。调整第一帧中的字幕至舞台底部,调整第 285 帧中的字幕至舞台顶部。

(4)在"字幕"图层上右击,在弹出的快捷菜单中选择"遮罩层"命令,就会将当前层转换成遮罩层,而紧挨其下的"渐变背景"层同时被转换成被遮罩层。这个电影字幕的动画就完

图 8-14　绘制矩形

成了。

（5）测试存盘。动画效果的片段如图 8-15 所示。

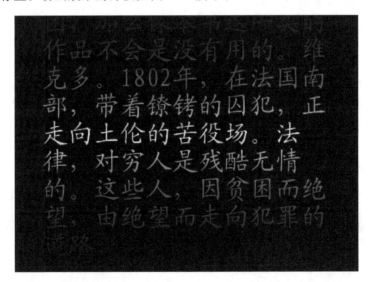

图 8-15　"电影字幕"动画效果片段

8.3.3　实例 8-3——放大镜

本例中的玻璃滤镜具有魔术般的功能，随着它的缓缓移动，玻璃滤镜之下的文物也跟着放大显示，就像我们常用的放大镜效果一样。本例制作虽然简单，但是视觉效果却非常好。

（1）新建一个文档，选择"插入"|"新建元件"命令，创建名为"文物"的图形元件，并将"文物.jpg"导入到舞台。

（2）选择"插入"|"新建元件"命令，创建一名为"放大镜"的影片剪辑。进入影片剪辑元件的编辑模式，利用"工具箱"中的"椭圆工具"和"填充色"工具，选择合适的笔触颜色和蓝色

渐变填充色,设置 Alpha 值,在舞台上画一面圆镜。再利用"矩形工具",选择合适的笔触颜色和黑白黑的线性渐变填充色在合适位置绘制放大镜的手柄。绘制好的放大镜如图 8-16 所示。

图 8-16   放大镜

（3）复制放大镜的蓝色渐变填充圆（不包括边框线）。选择"插入"|"新建元件"命令,创建一名为"圆"的影片剪辑。进入影片剪辑元件的编辑模式。粘贴复制的圆到舞台中央,并修改填充色。

（4）回到场景 1,连续单击"时间轴"面板下方的"新建图层"按钮 ,添加三个新的图层。从下至上图层分别命名为"小图"、"大图"、"遮罩圆"和"放大镜"。

（5）单击图层"小图"的第一帧,将制作好的图形元件"文物"从"库"中拖动到舞台正中央。并右击该层第 385 帧,在弹出的快捷菜单中选择"插入帧"命令,在此插入一个普通帧。

（6）单击图层"大图"的第一帧,将"文物"再次拖动到舞台中央。然后通过"任意变形工具",将其放大,与小图的中心重合。也在该层的第 385 帧插入一个普通帧。

（7）单击图层"遮罩圆"的第一帧,将"圆"从"库"中拖动到舞台上,放到合适的位置。再右击该层的第一帧,创建补间动画。

（8）分别在"遮罩圆"的第 10 帧、第 20 帧、第 30 帧、第 40 帧、第 50 帧、第 60 帧、第 70 帧、第 80 帧、第 90 帧、第 100 帧、第 110 帧、第 120 帧改变圆的位置,尽量使"圆"经过每个文物。

（9）图层"放大镜"的帧设置与"遮罩圆"层几乎完全一样,只是用影片剪辑"放大镜"叠放在影片剪辑"圆"上。因为两个图层的帧设置完全一样,所以"放大镜"和"圆"的运动也完全一样。

（10）接着,右击"遮罩圆"图层,在弹出的快捷菜单中选择"遮罩层"命令,将其设为遮罩层。这时的时间轴如图 8-17 所示。

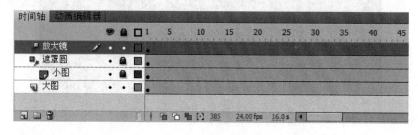

图 8-17   时间轴表示形式

（11）测试存盘。动画效果的片段如图 8-18 所示。

8.3.4   实例 8-4——小桥流水人家

使用遮罩效果,可以将一幅小桥流水的画片处理成栩栩如生的风景动画。这个动画需要将被遮罩层和背景层的位置稍微错开一点,再利用遮罩就可以轻松实现了。

（1）新建一个文档,将当前层命名为"背景",单击第一帧,把"风景.jpg"导入到舞台中央。右击第 75 帧插入帧,复制舞台中的"风景"图片,锁定该层。

图 8-18　"放大镜"动画效果片段

（2）在"背景"图层的上方新建一个层并命名为"河"，单击第一帧，右击舞台把刚才复制的图片"粘贴到当前位置"。使用键盘将图片向右移动一次，向下移动一次，这样就与背景中图片的位置稍微错开一点。锁定该层。

（3）在"河"图层上方再新建一个层并命名为"遮罩"，使用"线条工具"，设置合适的线条粗细后，在舞台上绘制用来制作波浪的线条，如图 8-19 所示。

图 8-19　绘制波浪线条

（4）选中所有线条，打散后执行主菜单"修改"|"形状"|"将线条转换为填充"，这样线条才可以作为遮罩层。

（5）右击"遮罩"层的第一帧，执行"创建补间动画"，这时会弹出相应的对话框，单击"确定"按钮，这时线条就会转换成影片剪辑。调整第1帧和第75帧线条的位置，使线条从上往下运动，这里要注意线条要始终覆盖有水的地方。

（6）接着，右击"遮罩"图层，在弹出的快捷菜单中选择"遮罩层"命令，将其设为遮罩层。这时的时间轴如图8-20所示。

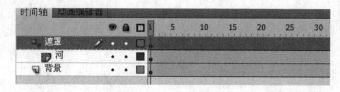

图8-20　时间轴表示形式

（7）这时预览一下动画，会发现整个景色都像是在水中一样流动，显然动画还需要调整。

（8）将"河"图层解锁，"背景"层和"遮罩"层加锁并隐藏。把"河"图层中的风景图片打散后使用"橡皮擦"工具把除水以外的景色擦掉（也可以使用"选择工具"框选后再按 Delete键），如图8-21所示。

图8-21　擦除水以外的景色

（9）存盘测试，一幅"小桥流水人家"的动画就实现了。

8.3.5　实例8-5——温故知新

利用 Flash 的绘制图形、创建补间动画、遮罩等功能，来实现一个展开的画卷效果。

（1）新建一个文档，将当前层命名为"书画"，单击第一帧，使用"矩形工具"在舞台中央绘制一个矩形，将矩形的笔触颜色设为无色，填充颜色设为土黄色。再把"温故知新.jpg"导入到舞台中央并调整大小，如图8-22所示。右击第140帧"插入帧"，锁定该层。

图 8-22 绘制"书画"图层

（2）在"书画"层的上方新建一个层并命名为"遮罩"，单击第一帧，使用"矩形工具"绘制一个矩形，笔触颜色设为"无"，内部填充颜色设为"绿色"，将此矩形作为蒙版，把"书画"层中所有的内容都蒙住。右击第 140 帧"插入关键帧"，单击当前层的第一帧，用"任意变形工具"将该帧的图形由左向右在水平方向上缩小，如图 8-23 所示是矩形缩小后的效果。在第 1帧到第 40 帧之间，任意一帧处，右击选择"创建补间形状"，锁定该层。

图 8-23 将绘制的矩形向右缩小

（3）制作一个画轴的影片剪辑元件。执行"插入"|"新建元件"，元件名称写为"画轴"，类型设为"影片剪辑"。用"矩形工具"绘制一个竖长的矩形，设矩形边框颜色为"无"，填充颜色为"黑-白-黑"的渐变颜色，类型为"线性"，如图 8-24 所示。

再用"矩形工具"绘制一个小的矩形，并用"选择工具"把这个矩形调整成一个倒的梯形（边框颜色为"无"，填充颜色为"黑"，类型为"纯色"）。再复制一份绘制好的倒梯形至当前舞台，利用"任意变形工具"，将复制的倒梯形旋转 180°。将两个梯形分别放置到画杆的上下两端，如图 8-25 所示。

图 8-24 设置填充颜色

图 8-25 绘制好的画轴

（4）返回场景。在"遮罩"层上方再新建一个层并命名为"右画轴"，把影片剪辑"画轴"拖到该层上，将画轴移至画卷的最右端，锁定该层。

（5）在"右画轴"层上方再新建一个层并命名为"左画轴"，把影片剪辑"画轴"从"库"中拖到该层上，将画轴移至画卷的最右端。右击第140帧选择"插入关键帧"。单击第140帧，将此帧上的画轴水平移至画卷的左侧。在第1帧到第140帧之间，任意一帧处，右击选择"创建补间动画"。

（6）在"遮罩"层名称位置上右击选择"遮罩层"。

（7）在第140帧处添加一句代码"stop()；"。

（8）存盘测试，一幅"温故知新"画卷的展开动画就实现了。动画片段如图8-26所示。

图8-26 "温故知新"动画片段

8.4 被遮罩层作为动画层

遮罩动画中，也可使用运动的图片或动画作为被遮罩层，实现文字或特殊形状里播放影片的效果，这时使用的字体越粗效果越好。

8.4.1 实例8-6——乐山大佛

1. 创建文档

新建一个影片文档，舞台尺寸设置为550×200像素，背景色设置为白色。

2. 创建被遮罩图层中的动画

命名当前图层为"图片动画"。选中第一帧，执行"文件"|"导入"|"导入到舞台"命令，将"乐山大佛.jpg"图片导入到舞台中，调整图片大小。右击第一帧创建补间动画，在弹出的"将所选的内容转换为元件以进行补间"对话框中单击"确定"按钮。将鼠标放置于动画范围的右侧边缘向右拖动至第70帧，调整第1帧和第70帧中图片的位置，使图片分别位于舞台的左右两边，但注意舞台始终能被图片全部覆盖。单击🔒按钮将"图片动画层"锁定。

3. 创建遮罩图层中的文字

在"图片动画"图层上方再创建一个图层命名为"文字"。使用"文本工具"在舞台中央写入"乐山大佛"4个字，并调整适当的文字大小和字体，使文字尽量大而粗。

4. 创建遮罩

在"文字"层名称位置上右击选择"遮罩层"。

5. 存盘测试

一个生动形象的乐山大佛风景字动画就实现了，动画片段如图8-27所示。

图 8-27 "乐山大佛"动画片段

8.4.2 实例 8-7——烈火中重生

Flash CS5 的"Deco 工具" 可以很方便地制作各种颜色的火焰特效。利用火焰特效动画,我们可以轻松地制作火焰字这种动画效果。

(1) 创建文档

新建一个影片文档,舞台尺寸设置为 550×180 像素,背景色设置为黑色。

(2) 创建具有火焰动画的影片剪辑

从主菜单上选择"插入"|"新建元件"命令,在弹出的"创建新元件"对话框中选择"影片剪辑",名称为"火焰",单击"确定"按钮,新建一个影片剪辑元件。

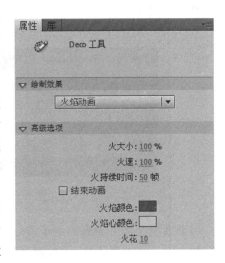

选择"Deco 工具" ,在工具对应的"属性"面板中设置如图 8-28 所示的参数后在舞台中单击,这时就会在"火焰"影片剪辑中产生一个具有 50 帧的逐帧动画。为了使火焰能够持续保持大的火焰,在第50 帧可以添加一个动作代码"gotoAndPlay(40);"。

(3) 单击时间轴顶部的"场景"图标回到主时间轴,将当前图层改名为"火",从"库"中将"火焰"影片剪辑拖入到舞台中从而创建元件实例。修改实例大小,并复制多个实例,使用"对齐"面板排列整齐,如图 8-29 所示,锁定该层。

图 8-28 火焰参数设置

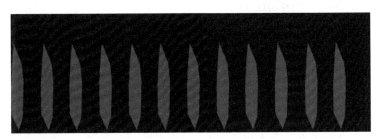

图 8-29 创建火焰

(4) 在"火"层上方新建一个层命名为"文字",保持该层被选中,切换到"文本工具",在舞台上输入文字"烈火中重生",调整文字大小及位置,如图 8-30 所示。

图 8-30 输入文字

（5）在"文字"图层的层图标上单击鼠标右键，从弹出菜单中选择"遮罩层"命令。创建遮罩效果，但是我们发现这种效果离我们所期望的效果还差一点。看来，单独使用一个遮罩并不能完成效果。

（6）在"火焰"图层的下方创建一个图层命名为"火焰背景"。保持该层被选中，从"库"中把"火焰"影片剪辑拖到舞台中，选中"火焰"影片剪辑实例，调整大小至覆盖大部分舞台，并将 Alpha 设置为 5%。

（7）存盘测试，一个非常震撼的火焰字效果就实现了，动画片段如图 8-31 所示。

图 8-31 "烈火中重生"动画片段

将前面两个文字动画的例子进行延伸，我们可以做出很多类似的文字动画来，原理都是遮罩层中制作出文字形状，而被遮罩层就是所需要出现在文字内部的动画效果，为了使效果更好，还可以在最下面创建一个背景层。

8.4.3 实例 8-8——万花筒

利用 6 个三角形的遮蔽旋转相承有序地排列，形成万花筒的效果。但是这个效果并非是真正不重复的。因为 6 个三角形变化是有规律的，所以万花筒的变化也是有规律的。

（1）新建一个影片文档，舞台尺寸设置为 500×500 像素，背景色设置为白色。

（2）新建一个影片剪辑元件，命名为"万花筒"。在影片剪辑的编辑舞台中导入一幅颜色比较鲜艳的图片。利用"对齐"面板使其居中。并将当前图层命名为"花"，锁定当前图层。

（3）在"花"图层上新建一个图层命名为"三角形"。利用"工具栏"中的"矩形工具"绘制一个无边框的六边形，并调整大小，调整位置使其居中对齐。

（4）利用"直线工具"在六边形中绘制三条对角线，如图 8-32 所示。

删除其中的 5 个三角形以及三条对角线，如图 8-33 所示。

图 8-32 在六边形上绘制三条对角线

图 8-33 最终保留的三角形

（5）在"花"图层的第 1 帧到第 60 帧之间创建补间动画，在"属性"面板中，选择顺时针旋转一次。

（6）把"三角形"图层延长至第 60 帧。右击该层图标，从弹出菜单中选择"遮罩层"命令，创建遮罩效果。

（7）返回到场景 1，从"库"中把影片剪辑"万花筒"拖放到场景中，调整位置。

（8）然后多次利用鼠标右键复制这个影片剪辑实例，"粘贴到当前位置"。将复制的影片剪辑实例进行旋转，直至拼成一个六边形。

（9）保存测试，最终效果如图 8-34 所示。当然，也可以利用圆形作为万花筒的外形。

图 8-34　"万花筒"动画效果片段

8.5　Alpha 通道遮罩

如果遮罩图形中包含 Alpha 通道，那么可以创建更加富有特色的遮罩效果，如具有光晕的相框。要应用 Alpha 通道遮罩，遮罩图形和被遮罩图形都必须使用运行时位图缓存。

8.5.1　创建 Alpha 通道遮罩

在 Flash 8 版本之前，要想做朦胧效果的遮罩，就必须在遮罩块的上面同时做一个羽化或者渐变的元件，使之能够与遮罩块同步，这样效果差，而且麻烦。现在 Flash CS5 里可以完全不用第三个元件，就能做出朦胧的遮罩效果，但是需要注意三个因素。

（1）遮罩与被遮罩元件都必须是影片剪辑。因为 Alpha 通道的遮罩效果必须是用 AS 代码来完成的，传统的遮罩层方式是无法做出朦胧状的遮罩效果的。如果使用的是 ActionScript 2.0 作为开发语言，就是这行代码"Masked_mc. setMask(Mask_mc);"；如果使用的是 ActionScript 3.0 作为开发语言，就是这行代码"Masked _mc. mask= Mask _mc;"。

（2）被遮罩的一方（需要显示的一方）一定要在"属性"面板中选中"使用运行时位图缓存"这个选项。否则的话，绝对看不到半透明的遮罩效果，不过，如果曾经给被遮罩的一方施加了滤镜效果，那就等于自动添加了位图缓存，也就无须再选中那个选项了。

（3）遮罩的一方（显示区域的一方），如果只做半透明遮罩，就必选"使用运行时位图缓存"这个选项，否则的话，半透明遮罩就会失效。如果要做朦胧效果的遮罩，就必须添加滤镜，并在滤镜中突出模糊效果，这样就可以看到效果了。

综合了一下，就是三个步骤，影片剪辑→全部选中"使用运行时位图缓存"这个选项或添加滤镜效果→用 AS 来完成。

要应用 Alpha 通道遮罩，遮罩图形和被遮罩图形都必须使用运行时位图缓存。下面看一个范例，步骤如下。

8.5.2 实例 8-9——探照灯

如果使用普通方法制作探照灯效果，会发现圆形灯光四周边界很清晰，效果不够逼真。使用 Alpha 通道遮罩后，可以使遮罩边缘柔和化，效果会有所提升。

（1）新建一个影片文档，舞台尺寸设置为 550×400 像素，背景色设置为深蓝色。

（2）将当前图层命名为"文字背景"，利用"工具栏"中的"文本工具"在舞台上输入"不在沉默中爆发，就在沉默中死亡"字样，调整位置，设置合适的字体大小、字体、较深颜色，并在"滤镜"面板中设置投影属性，如图 8-35 所示，锁定图层。

图 8-35 创建文字

（3）新建一个影片剪辑元件，命名为"文字"。在影片剪辑中设计一个浅黄色背景，并将步骤 2 中的文字复制到浅黄色的背景上。

（4）返回场景。在"文字背景"图层上方创建一个新图层命名为"文字"。从"库"面板中将"文字"影片剪辑拖到场景中，为"文字"影片剪辑实例命名为" masked_mc"，在"属性"面板中勾选"缓存为位图"，如图 8-36 所示。调整影片剪辑实例位置，注意保证两个图层上文字的位置一致，锁定图层。

（5）新建一个影片剪辑元件，命名为"圆"。在舞台中绘制一个圆。打散后执行"修改"|"形状"|"柔化填充边缘"，在弹出的对话框中进行如图 8-37 所示的设置。

图 8-36　勾选"缓存为位图"

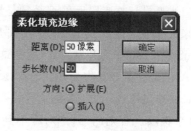

图 8-37　参数设置

（6）返回场景。在"文字"图层上方创建一个新图层命名为"圆"。从"库"面板中将"圆"影片剪辑拖到场景中，为"圆"影片剪辑实例命名为"mask_mc"，在"属性"面板中勾选"缓存为位图"，调整其位置，并在这一层中创建对"圆"的补间动画，使圆能够沿着文字所在位置进行移动。创建动画后的路径轨迹如图 8-38 所示。

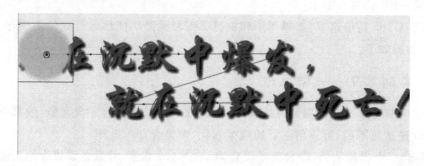

图 8-38　调整运动轨迹

（7）最后一步，通过代码来最终实现 Alpha 通道遮罩。选中第一帧，在"动作"面板中输入以下代码：

```
masked_mc.setMask(mask_mc);        //ActionScript 2.0 作为开发语言
```

或者

```
masked_mc.mask = mask_mc;        //ActionScript 3.0 作为开发语言
```

（8）保存测试。最终效果如图 8-39 所示。

图 8-39　"探照灯"动画效果片段

8.6　交互式遮罩

使用 ActionScript 脚本语言可以建立交互式的遮罩效果,如 ActionScript 程序可以使用鼠标拖动一个放大镜,从放大镜中可以看到被放大的物体。

实例 8-10——可移动放大镜

(1) 打开"实例 8-3",在这个例子基础上制作一个交互式的放大镜。

(2) 分别右击"放大镜"和"遮罩圆"图层中的第一帧,在弹出的快捷菜单中执行"删除补间"。

(3) 删除每个图层中的第 2 帧至第 385 帧,只留下第一帧。

(4) 为"放大镜"影片剪辑实例命名为"fdj_mc",为"圆"影片剪辑实例命名为"yuan_mc"。

(5) 单击"放大镜"影片剪辑实例,在"动作"面板中输入如图 8-40 所示的代码。

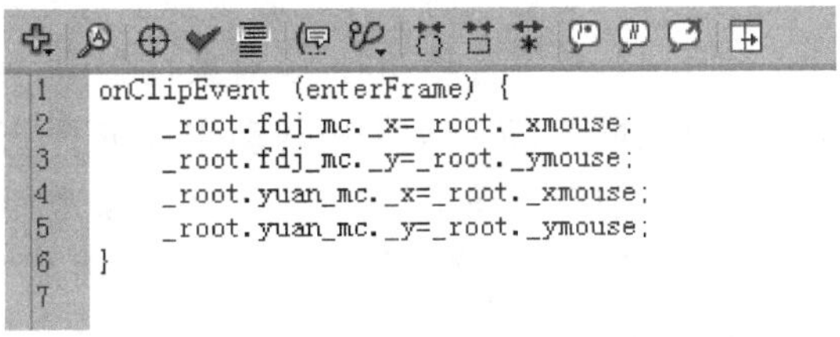

```
onClipEvent (enterFrame) {
    _root.fdj_mc._x=_root._xmouse;
    _root.fdj_mc._y=_root._ymouse;
    _root.yuan_mc._x=_root._xmouse;
    _root.yuan_mc._y=_root._ymouse;
}
```

图 8-40　动作代码

(6) 保存测试后会发现放大镜这时会随着鼠标的移动而移动了,更具有交互灵活性了。

8.7　遮罩制作的技巧

(1) 能够透过遮罩层中的对象看到"被遮罩层"中的对象及其属性(包括它们的变形效果),但是遮罩层中的对象中的许多属性如渐变色、透明度、颜色和线条样式等却是被忽略的。比如,我们不能通过遮罩层的渐变色来实现被遮罩层的渐变色变化。

(2) 要在场景中显示遮罩效果,可以锁定遮罩层和被遮罩层。

(3) 可以用 Actions 动作语句建立遮罩,但这种情况下只能有一个"被遮罩层",同时,不能设置 Alpha 属性。

(4) 不能用一个遮罩层试图遮蔽另一个遮罩层。

(5) 遮罩可以应用在 GIF 动画上。

(6) 在制作过程中,遮罩层经常挡住下层的元件,影响视线,无法编辑,可以按下遮罩层时间轴面板的显示图层轮廓按钮 ■,使之变成 □,使遮罩层只显示边框形状,在这种情况下,还可以拖动边框调整遮罩图形的外形和位置。

(7) 在被遮罩层中不能放置动态文本。

第 9 章

制作骨骼动画

在动画设计软件中,运动学系统分为正向运动(FK)和反向运动(IK)这两种。正向运动指的是对于有层级关系的对象来说,父对象的动作将影响到子对象,而子对象的动作将不会对父对象造成任何影响,如当对父对象进行移动时,子对象也会同时随着移动;而子对象移动时,父对象不会产生移动。由此可见,正向运动中的动作是向下传递的。

与正向运动不同,反向运动的动作传递是双向的,当父对象进行位移、旋转或缩放等动作时,其子对象会受到这些动作的影响,反之,子对象的动作也将影响到父对象。反向运动是通过一种连接各种物体的辅助工具来实现的运动,这种工具就是 IK 骨骼,也称为反向运动骨骼。使用 IK 骨骼制作的反向运动学动画,就是所谓的骨骼动画。

在 Flash 中,创建骨骼动画一般有两种方式。一种方式是为实例添加与其他实例相连接的骨骼,使用关节连接这些骨骼。骨骼允许实例链一起运动。另一种方式是在形状对象(即各种矢量图形对象)的内部添加骨骼,通过骨骼来移动形状的各个部分以实现动画效果。这样操作的优势在于无须绘制运动中该形状的不同状态,也无需使用补间形状来创建动画。

9.1 创建骨骼动画

9.1.1 定义骨骼

Flash CS5 提供了一个"骨骼工具",使用该工具可以向影片剪辑元件实例、图形元件实例或按钮元件实例添加 IK 骨骼。

首先在舞台上放置几个元件实例(这里我们使用影片剪辑实例),排列整齐,每个影片剪辑就是一个矩形,之后在"工具箱"中选择"骨骼工具" ,在一个实例对象中单击,向另一个对象拖动鼠标,释放鼠标后就可以创建两个对象间的链接(在拖动时注意鼠标指针的变化,当鼠标指针为 时表示可以拖放,变为 和 时表示禁止拖放)。此时,两个元件实例间将显示出创建的骨骼。在创建骨骼时,第一个骨骼是父级骨骼,骨骼的头部为圆形端点,有一个圆圈围绕着头部。骨骼的尾部为尖形,有一个实心点,如图 9-1 所示。

可以继续添加骨骼链接其他元件实例,在第一个骨骼的尾部单击,并按住拖动到要链接的下一个元件实例。重复这个动作,将其他元件实例链接进来,从而形成一个"骨骼链","骨骼链"也被称为"骨架",如图 9-2 所示。

图 9-1 父级骨骼

图 9-2 骨骼链

在向实例添加骨骼时,Flash 将每个实例移动到"时间轴"中的新图层,这个新图层称为
姿势图层,与给定骨架关联的所有骨骼和元件实例都会驻留
在姿势图层中。并且,在将新骨骼拖动到一个新实例后,
Flash 会将该实例移动到骨架的姿势图层。每个姿势图层只
能包含一个骨架,注意姿势图层的图标和帧中菱形点的呈
现,如图 9-3 所示。并且在添加新的姿势图层时,会保持舞
台上对象以前的堆叠顺序。

图 9-3 姿势图层

9.1.2 选择骨骼

在创建骨骼后,可以使用多种方法来对骨骼进行编辑。要对骨骼进行编辑,首先需要选择
骨骼。在"工具箱"中使用"选择工具",单击骨骼即可选择该骨骼,在默认情况下,骨骼显示的
颜色与姿势图层的轮廓颜色相同,骨骼被选择后,将显示该颜色的相反色,如图 9-4 所示。

图 9-4 选择骨骼

如果需要快速选择相邻的骨骼,可以在选择骨骼后,在如图 9-5 所示的"属性"面板中单
击相应的按钮来进行选择。如单击"父级"按钮 ⬆ 将选择当前骨骼的父级骨骼,单击"子级"
按钮 ⬇ 将选择当前骨骼的子级骨骼,单击"下一个同级"按钮 ➡ 或"上一个同级"按钮 ⬅
可以选择同级的骨骼。

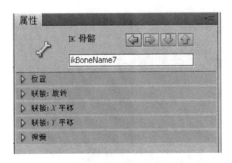

图 9-5 骨骼属性面板

按住 Alt 键同时,用鼠标去移动实例,可以移动单个实例的位置。

9.1.3 删除骨骼

在创建骨骼后,如果需要删除单个骨骼及其下属的子骨骼,只需要选择该骨骼后按
Delete 键即可。如果需要删除所有的骨骼,可以鼠标右击姿势图层,选择关联菜单中的"删
除骨架"命令。此时实例将恢复到添加骨骼之前的状态,如图 9-6 所示。

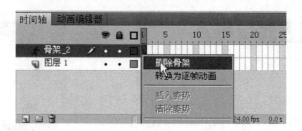

图 9-6   删除整个骨架

9.1.4   创建骨骼动画

在为对象添加了骨架后，即可在产生的姿势图层中创建骨骼动画了。在制作骨骼动画时，可以在开始关键帧中制作对象的初始姿势，在后面的关键帧中制作对象的不同姿态，Flash 会根据反向运动学的原理计算出连接点间的位置和角度，创建从初始姿态到下一个姿态转变的动画效果。

在完成对象初始姿势的制作后，在"时间轴"面板中右击动画需要延伸到的帧，选择关联菜单中的"插入姿势"命令。使用"选择工具"在该帧中选择骨骼，调整骨骼的位置或旋转角度。此时 Flash 将在该帧创建关键帧，按"Enter"键测试动画即可看到创建的骨骼动画效果了，如图 9-7 所示。

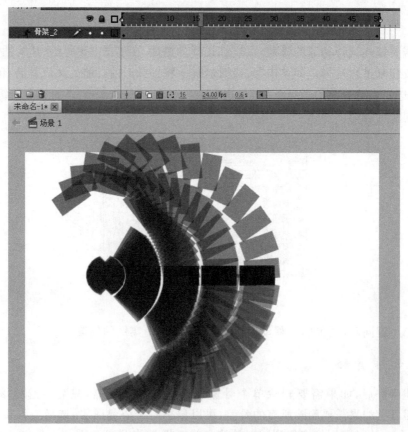

图 9-7   创建骨骼动画

9.1.5　IK骨架动画配合其他补间动画

可以将骨架转换为影片剪辑或图形元件以实现其他补间效果,首先选中IK骨架及其所有的关联对象。按F8键或选择关联菜单中的"转换为元件"命令就可以将其转换为元件,该元件的时间轴包含骨架的姿势图层,如图9-8所示。如果已经创建了IK骨架动画,那么该元件也将自动包含该骨架动画。

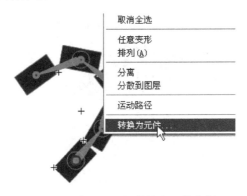

图9-8　将整个骨架转换为元件实例

现在,可以向舞台上的新元件实例添加补间动画效了。例如,可以创建对象补间动画,在两个属性关键帧实现3D旋转,如图9-9所示。

图9-9　骨架实现补间动画

9.2　设置骨骼动画属性

9.2.1　设置缓动

在创建骨骼动画后,单击"时间轴"上骨架层中的某一帧,在"属性"面板中设置"缓动"。如图9-10所示,Flash为骨骼动画提供了几种标准的缓动,缓动应用于骨骼,可以对骨骼的运动进行加速或减速,从而使对象的移动获得重力效果。

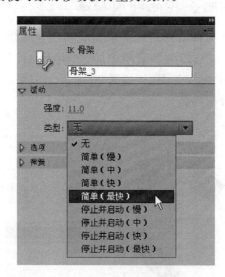

图 9-10　设置"缓动"属性

可用的缓动包括 4 个简单缓动和 4 个停止并启动缓动。

- 简单缓动将降低紧邻上一个姿势帧之后的帧中运动的加速度或紧邻下一个姿势帧之前的帧中运动的加速度。
- 停止并启动缓动减缓紧邻之前姿势帧后面的帧以及紧邻图层中下一个姿势帧之前的帧中的运动。

这两种类型的缓动都具有"慢"、"中"、"快"和"最快"形式。

"慢"形式的效果最不明显,而"最快"形式的效果最明显。

"缓动"选项组的"强度"选项可控制哪些帧将进行缓动以及缓动的影响程度。默认强度是 0,即表示无缓动;最大值是 100,它表示对下一个姿势帧之前的帧应用最明显的缓动效果;最小值是-100,它表示对上一个姿势帧之后的帧应用最明显的缓动效果。

9.2.2　IK 运动约束

若要创建 IK 骨架更多逼真的运动,可以使用"属性"面板中的"骨骼属性选项"来约束反向运动的幅度,包括运动角度(旋转)和运动距离(X 平移和 Y 平移)。

首先使用"选择工具"单击一个骨骼可以选定它(按住 Shift 键可以选择多个骨骼,双击某个骨骼则可以选定骨架中的所有骨骼)。打开"属性"面板,就可以设置骨骼的属性了。

1. 旋转

在 Flash 中使用反向运动,可以来设置整个运动链的运动。这在前面的介绍中已经得到了体现。

在 Flash 中也可以实现其他子对象的正向运动,在 Flash 中可以使用"属性"面板中的"启用"复选框来使用子对象的正向运动。如果操纵"对象整体"枝节部的子对象使得其他骨骼也做相同的运动,这就是正向运动。

如图 9-11 所示,选中左侧第一个骨骼,弹出"属性"面板,全部取消对"联接:旋转"、"联接：X平移"和"联接：Y平移"三个选项组下的"启用"复选框的勾选，就会取消这块骨骼的反向运动，而对其使用正向运动。并且注意，当取消时，骨骼头部（圆端）的外部圆环将不再存在。

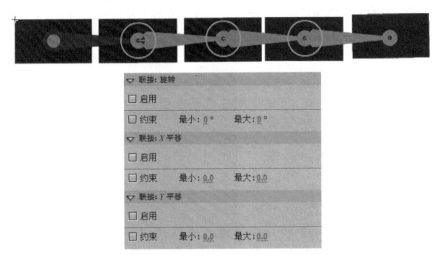

图 9-11　骨骼属性选项

旋转最右端骨骼看一下前后的效果，如图 9-12 所示，可以看到，子对象的运动并不影响父对象（尾部）。

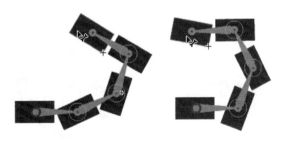

图 9-12　骨骼旋转

也可以在不设置"联接：旋转"选项组下的"启用"设置的情况下，按住 Shift 键拖动该骨骼或者元件实例，从而仅仅使当前骨骼与其子级骨骼一起旋转而不移动父级骨骼，从而同样实现正向运动。

若要约束骨骼的旋转，例如，可以约束作为胳膊一部分的两个骨骼，以便肘部不会按照错误的方向弯曲。就要在"属性"面板中勾选"联接：旋转"选项组下的"约束"复选框并输入旋转的最小度数和最大度数，旋转度数是相对于父级骨骼的。约束骨骼旋转后在骨骼连接的顶部将显示一个指示旋转自由度的弧形，如图 9-13 所示，这个时候可以限制骨骼的旋转幅度。

图 9-13　限制骨骼的旋转幅度

2. X 平移和 Y 平移

在默认情况下，创建骨骼时会为每个 IK 骨骼分配固定的长度。骨骼可以围绕其父连

接以及沿 X 和 Y 轴旋转,但是它们无法以要求更改其父级骨骼长度的方式进行移动。

如果要使选定的骨骼可以沿 X 或 Y 轴移动,就要保持"属性"面板中"联接:X 平移"或"联接:Y 平移"选项组中的"启用"复选框处于勾选状态。这将显示一个平行于连接上骨骼的双向箭头,指示已启用 X 轴运动;显示一个垂直于连接上骨骼的双向箭头,指示已启用 Y 轴运动。如果对骨骼同时启用了 x 平移和 Y 平移,则对该骨骼禁用旋转时定位它更为容易,如图 9-14 和图 9-15 所示。

图 9-14 设置 X 平移和 Y 平移

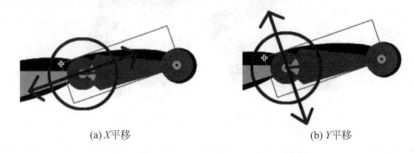

(a) X 平移   (b) Y 平移

图 9-15 X 平移和 Y 平移在骨骼上的表示

这时,与骨骼的旋转功能不同的是它可以更改其父级骨骼的长度。通过启用 X 或 Y 轴运动时,骨骼可以不限度数地沿 X 或 Y 轴移动,而且父级骨骼的长度将随之改变以适应运动。

和约束骨骼旋转一样,也可以约束沿 X 或 Y 轴的运动量,保持"联接:X 平移"或"联接:Y 平移"选项组中的"约束"复选框处于勾选状态,然后输入骨骼可以行进的最小距离和最大距离。

9.2.3 设置链接点速度

链接点速度决定了链接点的粘贴性和刚性,当链接点速度较低时,该链接点将反应缓慢,当链接点速度较高时,该链接点将具有更快的反应。在选取骨骼后,在"属性"面板的"位置"选项组中的"速度"文本框中输入数值,即可以改变链接点的速度。链接速度为骨骼提供了粗细效果。最大值 100% 表示对速度没有限制,如图 9-16 所示。

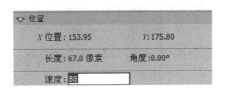

图 9-16 设置链接点速度

9.2.4 设置弹簧属性

弹簧属性是 Flash CS5 新增的一个骨骼动画属性,可以更轻松地创建更逼真的,类如弹簧运动的动画。在舞台上选择骨骼后,在"属性"面板中展开"弹簧"设置栏。该栏中有两个设置项,如图 9-17 所示。

- "强度"用于设置弹簧的强度,输入值越大,弹簧效果越明显。
- "阻尼"用于设置弹簧效果的衰减速率,输入值越大,动画中弹簧属性减小得越快,动画就结束得越快。其值设置为 0 时,弹簧属性在姿态图层的所有帧中都将保持最大强度。

图 9-17 设置弹簧属性

9.3 制作形状骨骼动画

除了可以向实例元件添加 IK 骨架外,也可以向形状对象以及在"对象绘制"模式下创建的形状添加 IK 骨架。对于形状,可以向单个形状的内部添加多个骨骼。这不同于元件实例,每个元件实例只能具有一个骨骼。

并且,不但可以向单个形状添加骨骼,也可以向一组形状添加骨骼(在"对象绘制"模式下创建的形状不具有此特性),并且可以包含多个填充和线条。在任一情况下,在添加第一个骨骼之前必须选择所有形状。在将骨骼添加到所选内容后,Flash 将所有的形状和骨骼转换为 IK 形状对象,并将该对象移动到新的姿势图层。在某个形状转换为 IK 形状后,它将无法再与 IK 形状外的其他形状合并。

9.3.1 创建形状骨骼

制作形状骨骼动画的方法与前面介绍的骨骼动画的制作方法基本相同。在"工具箱"中选择"骨骼工具",在图形中单击鼠标后在形状中拖动鼠标即可创建第一个骨骼,在骨骼端点处单击后拖动鼠标可以继续创建该骨骼的子级骨骼。在创建骨骼后,Flash 同样将会把骨骼和图形自动移到一个新的姿势图层中,向形状添加骨骼的步骤如下:

(1) 在舞台上绘制一个小人的形状,最好将形状首先绘制好,使其尽可能接近其最终形式,因为向形状添加骨骼后,再编辑形状就非常困难了,如图 9-18 所示。

（2）在舞台上选择整个形状，在"工具栏"中单击"骨骼工具"，在"小人"形状内单击并拖动到"小人"内的关节位置。在拖动时，将显示骨骼形状。释放鼠标后，在两个元件实例之间将显示实心的骨骼，每个骨骼都具有头部（圆端）和尾部（尖端），如图 9-19 所示。骨架中的第一个骨骼仍被称为根骨骼。并且，添加第一个骨骼时，Flash 将形状转换为 IK 形状对象，并将其移动到时间轴中的新姿势图层，与给定骨架关联的所有骨骼和 IK 形状对象都驻留在姿势图层中。

图 9-18　绘制"小人"

图 9-19　向形状中添加骨骼

（3）继续从第一个骨骼的尾部拖动到形状内的其他位置可以添加其他骨骼，如图 9-20 所示。注意，就像前面介绍过的那样，第二个骨骼将成为根骨骼的子级，并按照这种顺序创建骨架。IK 形状对象按照骨架中父子关系的顺序，将形状的各区域与骨骼链接在一起。

（4）创建 IK 骨架后，可以在骨架层中插入姿势并拖动骨骼以重新定位来实现骨骼动画，如图 9-21 所示。注意，只能拖动骨骼，拖动形状是无效的，当鼠标指针移动到骨骼上时注意指针的变化。

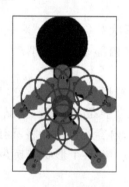

图 9-20　为"小人"创建骨架

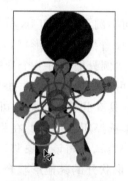

图 9-21　实现骨骼动画

9.3.2　绑定形状

根据 IK 形状的配置，可能会发现，在移动骨架时，形状的变化并不按令人满意的方式扭曲。因此，为了弥补这种缺陷，就像是形状补间中的形状提示点。Flash 可以使用"绑定工具" 编辑单个骨骼和形状控制点之间的连接。这样，就可以控制在每个骨骼移动时形状扭曲的方式以获得更满意的结果。

可以将多个控制点绑定到一个骨骼以及将多个骨骼绑定到一个控制点。因此有两种方式使用形状控制点：向骨骼中添加形状控制点，将形状控制点绑定到多个骨骼。

1. 向骨骼中添加形状控制点

向骨骼中添加形状控制点的步骤如下。

（1）首先单击"工具栏"中的"绑定工具"。选择骨骼，这将突出显示已连接到骨骼的控制点默认情况下，形状的控制点链接到离它们最近的骨骼，如图 9-22 所示。已连接的点以黄色突出显示，而选定的骨骼以红色突出显示。仅连接到一个骨骼的控制点显示为方形，连接到多个骨骼的控制点显示为三角形。

图 9-22　向骨骼中添加形状控制点

（2）按住 Shift 键单击未突出显示的控制点就可以向选定的骨骼添加控制点了；也可以通过按住 Shift 键拖动来选择要添加到选定骨骼的多个控制点。

（3）按住 Ctrl 键单击以黄色突出显示的控制点可以从骨骼中删除控制点；也可以通过按住 Ctrl 键拖动来删除选定骨骼中的多个控制点。

2. 将形状控制点绑定到多个骨骼

将形状控制点绑定到多个骨骼的步骤如下。

（1）首先单击"工具栏"中的"绑定工具"，选择控制点，将显示已连接到控制点的骨骼，如图 9-22 所示选定的控制点以红色突出显示，而与之连接的骨骼以黄色突出显示。

（2）按住 Shift 键单击骨骼可以向选定的控制点添加其他骨骼。

（3）按住 Ctrl 键单击以黄色突出显示的骨髓可以从选定的控制点中删除骨骼。

9.4　操纵骨骼和连接对象的注意事项

操纵骨骼和连接对象注意事项如下。

（1）要重新定位骨架，只需拖动骨架中的任何骨骼。如果骨架链接到的是元件实例，则还可以拖动实例，如果是对于形状，则仅能拖动骨骼。

（2）如果是要重新定位骨架的某个分支，只需拖动该分支中的任何骨骼。该分支中的所有骨骼都将移动，但骨架的其他分支中的骨骼不会移动。

（3）如果要将某个骨骼与其子级骨骼一起旋转而不移动父级骨骼，只需按住 Shift 键并拖动该骨骼即可。这与全部取消对骨骼在"属性"面板中的"启用"复选框的勾选功能相同，这样就能实现正向运动。

（4）如果要改变 IK 形状或某个 IK 元件实例的位置，只需选中该对象，在"属性"面板中更改其"X 属性"和"Y 属性"。

（5）如果要删除单个骨骼及其所有子级，只需单击该骨骼后按 Delete 键。通过按住 Shift 键依次单击多个骨骼可以选中并删除多个骨骼。如果要从某个 IK 形状或元件实例骨架中删除所有骨骼，只需选择骨架中的所有骨骼，然后按 Delete 键，或者从主菜单中选择"修改"|"分离"命令。也可以在骨架所在姿势帧上右击，在弹出的右键菜单中选择"删除骨架"命令。在删除骨架后，IK 形状将还原为正常图形形状。并且，IK 形状和元件实例都将保持当前的状态。

(6) 如果要移动单个元件实例而不移动任何其他链接的实例,只需按住 Alt 键拖动该实例,或者使用任意变形工具拖动它。连接到实例的骨骼将变长或变短,以适应实例的新位置。这也可以通过"启用 X 或 Y 轴"运动来实现,不过使用 Alt 键来得更直接。当"启用 X 或 Y 轴"运动约束时,使用 Alt 键移动将突破限制,并且将更改约束的最大值或最小值。

　　注意,在"启用 X 或 Y 轴"运动时,也可以拖动骨骼来实现改变元件实例的位置,而使用 Alt 键不能拖动骨骼。

第10章

为Flash动画添加媒体素材

多媒体动画的美妙之处就在于它有效地融合了图文声像,在Flash中多媒体的应用是制作动画的一个重要环节,恰到好处地加入声音和视频,使动画作品更具感染力和生动性。

本章介绍怎样使用Flash Professional CS5强大的多媒体创作能力为Flash影片添加音频和视频。

10.1 在Flash CS5中使用声音的基础知识

在Flash中提供了许多使用声音的途径,可以使声音独立于"时间轴"面板之外连续播放,也可使音轨中的声音与动画同步,使它在动画播放的过程中淡入或淡出。为按钮加入声音,则可以使它产生更富于表现力的效果。

Flash中使用的基本声音有两种,即事件声音(Event Sounds)和声音流(Stream Sounds)。前者在播放之前必须被完全下载,在播放时除非有命令使它停止,否则将持续播放;而后者只要下载了头几帧的声音数据即可开始播放,且与"时间轴"面板同步。

采样率和压缩比对输出影片声音的质量和所占的存储空间影响极大,这可在"声音属性"(Properties)对话框或者"发布设置"(Publish Settings)对话框中进行控制。

10.1.1 导入声音

要在Flash中使用声音,必须先把声音导入到Flash Professional CS5创作软件中,从主菜单中选择"文件"|"导入"命令。Flash可直接导入的声音格式有WAV、MP3、AIFF和AU 4种,其中WAV和MP3应用最多。正如导入其他文件类型一样,Flash把声音元件也存放在库中。

相比较而言,声音元件要占用较多的磁盘空间和内存,所以综合考虑存储空间和音质两方面的因素,最好使用采样率为22kHz的16位单声道声音(同样情况下,立体声将多占用一倍的存储空间),此外Flash还可以导入8位或16位、采样率为11kHz、22kHz和44kHz的声音,在输出时,Flash可以把声音以低于导入时的采样率输出。

值得注意的是,Flash Professional CS5在导入以非标准格式录制的声音(如说采样率为8kHz)时,会对它做一些改动,这使得声音在播放时音量会比改动之前低一些,对于采样率为 96kHz 和 32kHz 的声音也是一样。

下面的范例把"Windows XP 电话拨入声.wav"导入到 Flash 中,步骤如下。

(1) 从主菜单中选择"文件"|"导入"|"导入到舞台"命令,弹出"导入"对话框。

(2) 在该对话框中,选择"C:\WINDOWS\Media\Windows XP 电话拨入声.wav",而后单击"打开"按钮,如图 10-1 所示。

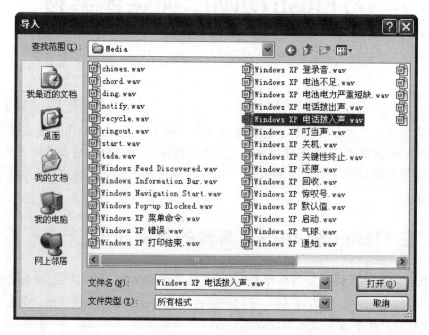

图 10-1   导入音频

(3) 打开"库"面板,可以看到刚才导入的声音出现在"库"面板中,如图 10-2 所示。

图 10-2   库面板中的声音

这样就把一个声音元件导入到 Flash Professional CS5 中了。

10.1.2　添加声音到影片帧中

像其他元件一样，一个声音元件可在影片中的不同地方使用。

要向影片中添加声音，先将声音导入影片。如果已经导入声音，就可以把声音添加到影片中了，步骤如下（使用上一节中的文件）。

（1）在"时间轴"面板中单击"插入图层"按钮，为存放声音创建一个新层。在创建新层时，同时把该层的第一帧设置成关键帧。

（2）选中第一帧，从"库"面板中把"Windows XP 电话拨入声.wav"声音元件直接拖到舞台上，Flash 将按默认的设置的把声音置于当前帧，可以看到该帧中间出现了一个蓝色声波形状（如果声波开始位置的形状为直线型，则将在该帧中间显示为一个蓝色直线），如图 10-3 所示。

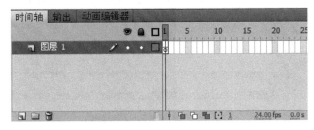

图 10-3　声音在时间轴上

10.1.3　查看声波

可以把声音放在任意多的层上，每一层相当于一个独立的声道，在播放影片时，所有层上的声音都将播放。

有时在一些范例中，能从时间轴上看到完整的声音过程很有用。通过双击声音层图标，在弹出的"图层属性"对话框中设置"图层高度"选项的值为 300%，表示设置声音层的高度为 300%，如图 10-4 所示。

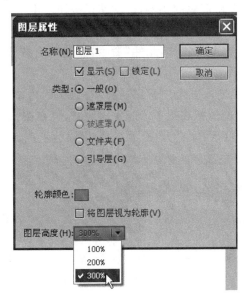

图 10-4　"图层属性"对话框

然后单击"时间轴"面板右上角的 按钮,在弹出的功能菜单中选择"预览"命令,就会看到如图10-5所示的波形。

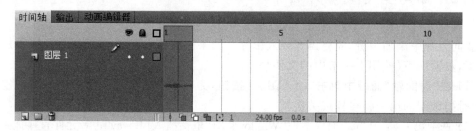

图 10-5　查看声音波形

选中第一帧,持续按F5键建立帧,直到声音波形完全显示,如图10-6所示。

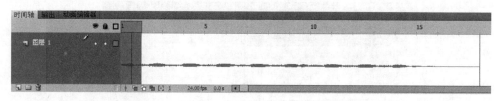

图 10-6　完全显示声音波形

并且要注意,使用单帧存放声音和把声音波形展开这两种方式是不同的。在测试状态下(确保选择主菜单中的"控制"|"循环播放"命令),后者不停地循环播放,而前者只播放一次即停止了。这表明前者使声音独立于时间轴之外播放的,后者从理论上说也是独立于时间轴之外播放的,但是使用该方法也可使音轨中的声音与动画同步。

10.1.4　为按钮匹配声音

在Flash中可以为按钮元件的不同状态设置声音,因为声音与元件一同存储,所以加入的声音将作用于所有基于按钮创建的实例,这就使得按钮产生了更富于表现力的效果。

为按钮添加声音的基本步骤如下。

(1)执行主菜单中的"插入"|"新建元件"命令,创建一个按钮元件,同时转换到按钮元件编辑状态。

(2)在按钮的时间轴上加入一个声音层,在声音层中为每个要加入声音的按钮状态创建一个关键帧。例如,若想使按钮在被单击时发出声音,可在按钮的标签为"按下"的帧中加入一关键帧。如图10-7所示,在标签为"按下"的帧中添加了声音。

图 10-7　为按钮添加声音

（3）测试声音效果。为使按钮中不同的关键帧中有不同的声音,可把不同关键帧中的声音置于不同的层中,还可以在不同的关键帧中使用同一种声音,但使用不同的效果。

10.2　Flash CS5 的声音设置

Flash Professional CS5 提供了强大而丰富的声音设置功能,下面就来介绍一下它们的功能和使用方法。

10.2.1　事件声音和声音流

事件声音和声音流在"属性"面板中设置,如图 10-8 所示,单击"同步"下拉列表框,"同步"下拉列表框有 4 个选项,即"事件"、"开始"、"停止"和"数据流"。每个选项实现的功能都不相同,前三个设置都属于事件声音的范畴,后一个属于声音流。下面介绍这 4 个选项的作用和使用方法。

图 10-8　"同步"下拉列表框

- "事件"表示把声音与某事件的发生同步起来。对事件声音而言,在它的开始帧显示的同时,它开始播放且独立于时间轴,即使影片在它播放完毕之前结束,也不会影响它的播放。该选项为默认值。
- "开始"也是表示把声音与某事件的发生同步起来,与"事件"不同的地方在于到达某一声音的起始帧时若有其他声音播放,则该声音将不播放。
- "停止"是指定声音不播放。
- "数据流"使声音与影片在 Web 站点上的播放同步,Flash 将强迫动画与声音流同步,如果动画的速度跟不上,将省略某些帧的播放。与事件声音不同,声音流将与动画一同停止。

在指定关键帧开始或者停止声音的播放以使它与动画的播放同步是编辑声音时最常见的操作。要在指定关键帧开始或者停止声音的播放,应在事件开始帧位置处在声音层创建一关键帧,然后在该关键帧加入声音,并在"属性"面板中设置"同步"选项。在声音层声音结束处创建另一关键帧,在"属性"面板中从"声音"选项组中选定加入的声音,再在"同步"下拉列表框中选择"停止"选项,使用这种方法就能设置多个声音交互的功能。

10.2.2　声音效果

选中声音所在的帧,会在"属性"面板中看到该声音事件的全部设置选项,除了前面介绍的同步功能,还有其他几个功能项,如声音、效果、编辑、重复和该声音的音质信息。

下面对照图 10-9 分别说明一下这几个功能项。

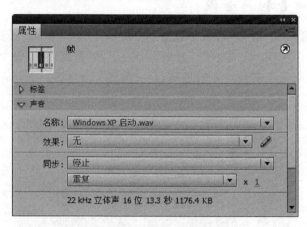

图 10-9　声音属性对话框

(1) 名称。该选项对应的下拉列表框标识了当前帧中的声音元件,可以看到当前文档使用的声音元件名。该选项的另一个重要作用是可以重新设置或取消帧中的声音,即从下拉列表框中选取新的声音或者选择"无"。

(2) 效果。该选项用来设置声音的效果,它对应的下拉列表框有以下几个选项。

- "无"表示对声音元件不加入任何效果,选择该项可取消以前设定的效果。
- "左声道"和"右声道"分别表示只在左声道或者右声道播放声音。
- "从左到右淡出"和"从右到左淡出"分别表示使声音的播放从左声道移到右声道或从右声道移到左声道。
- "淡入"表示在声音播放期间逐渐增大音量。
- "淡出"表示在声音播放期间逐渐减小音量。
- "自定义"允许创建自己的声音效果,可在"编辑封套"对话框中进行编辑,使用该选项与"编辑"按钮 效果相同。

(3) 编辑。如果想对声音进行简单的编辑,Flash Professional CS5 内建了一个比较简单的音频编辑器。单击"编辑"按钮 ,就可以弹出该编辑器对话框("编辑封套"对话框)。

(4) 同步。用来设置声音的同步选项。

(5) 重复和循环。对应的文本框中的数字用于定义声音重复播放的次数,如果想让声音不停地播放,可输入一个较大的数字,这对于实现背景音乐非常有效。或者从下拉列表框中选择"循环",这样,声音就会一直循环播放。

除此之外,在"循环"选项的下部还列出了声音元件的音质信息,如采样率、声道设置等。

10.3 使用 Flash CS5 视频

Flash Professional CS5 是一个强大的多媒体创作平台,使用它不但可以创建漂亮的动画,还可以创建和编辑多媒体内容,并添加动态的控制功能。

本节介绍怎样使用 Flash Professional CS5 强大的多媒体创作能力为 Flash 影片添加视频功能。

10.3.1 创作内嵌视频的 Flash 影片

创作内嵌视频的 Flash 影片的步骤如下。

(1) 启动 Flash Professional CS5 创作软件,新建一个 Flash 文档,从主菜单中选择"文件"|"导入"|"导入视频"命令,就会弹出"导入视频"对话框,如图 10-10 所示。单击"在您的计算机上"单选按钮,单击"浏览"按钮弹出对话框选择要嵌入的 FLV 视频,然后单击"在 SWF 中嵌入 FLV 并在时间轴中播放"单选按钮,表示将把视频文件嵌入到 Flash 文档中。

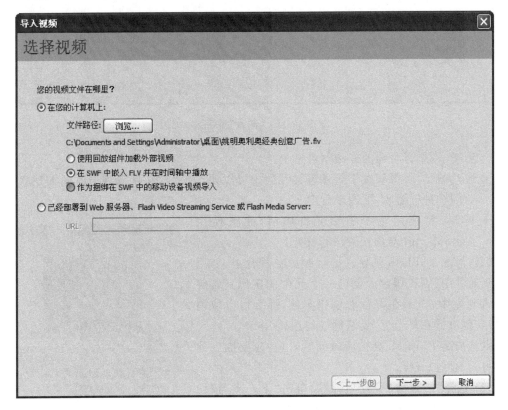

图 10-10 "导入视频"对话框

(2) 单击"下一步"按钮,就会弹出"嵌入"对话框,在该对话框中可以选择用于将视频嵌入到 SWF 文件的元件类型,如图 10-11 所示。可以将视频直接放在主时间轴上,也可以放在影片剪辑元件或者图形元件内,利用"符号类型"下拉列表框中的三个选项可以分别实现。

• 嵌入的视频,表示将该视频导入到主时间轴,如果要使用在时间轴上线性播放视频

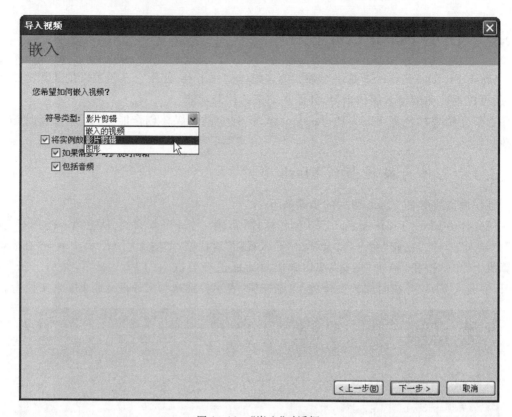

图 10-11　"嵌入"对话框

剪辑,那么最合适的方法就是这个。

- 影片剪辑,将视频置于影片剪辑元件中可以便于控制,并且视频的时间轴独立于主时间轴进行播放,更便于管理。

- 图形,将视频置于图形元件中时,无法使用 ActionScript 与该视频进行交互。

　　默认情况下,Flash 将导入的视频放在舞台上,如果嵌入到元件中,则在舞台上创建一个元件的实例。若要仅导入到库中,而不在舞台上创建实例,那么可以取消对"将实例放置在舞台上"复选框的勾选。

　　默认情况下,Flash 会扩展时间轴,以适应要嵌入的视频剪辑的回放长度。

　　(3)选择"影片剪辑"选项,继续单击"下一步"按钮就可以结束设置,一般会出现一个新的对话框提醒设置已经结束,单击"完成"按钮就可以关闭对话框。

　　(4)现在,已经将视频剪辑导入 Flash 文档库中了,按 Ctrl+L 快捷键弹出"库"面板,可以看到导入的视频剪辑元件,如图 10-12 所示。在"库"面板中双击任意一个影片剪辑元件使它处于编辑状态,可以看到视频剪辑

图 10-12　库中的视频剪辑元件

元件自动扩展帧以适合自己的播放时间,并且视频经过了修剪。

(5)现在为该影片剪辑元件添加一个帧脚本语句以使该影片剪辑在播放时停在第一帧。保持该影片剪辑处于编辑状态,在"时间轴"面板中单击"插入图层"按钮新建一个图层,选中该层第一帧,按 F9 键弹出"动作"面板,在该面板上输入下面的一行脚本语句:

```
Stop();
```

(6)单击舞台顶部左侧的 ⇐ 按钮,关闭该影片剪辑元件返回到主时间轴,在舞台上导入一幅电视机的前景图案,该图层位于视频图层的上方,如图 10-13 所示。

图 10-13　设计前景图案

(7)从主菜单中选择"窗口"|"公用库"|"按钮"命令,从中选择三个适合的按钮添加到舞台上用来控制视频的播放,即一个"开始播放"按钮,一个"停止播放"按钮,一个"暂停播放"按钮并将这三个按钮组件实例放置到舞台上的合适位置,如图 10-14 所示。

(8)添加脚本语句以控制视频的播放。在这之前,先为舞台上的影片剪辑元件实例定义一个实例名,即 tv_mc。

图 10-14　添加按钮

选中第一个"开始播放"按钮,在"动作"面板上输入下面的几行脚本语句。

```
on (release) {
    tv_mc.play();
}
```

选中第二个"停止播放"按钮,在"动作"面板上输入下面的几行脚本语句。

```
on (release) {
    tv_mc.gotoAndStop(1);
}
```

选中第三个"暂停播放"按钮,在"动作"面板上输入下面的几行脚本语句。

```
on (release) {
    tv_mc.stop();
}
```

(9) 当这些都做好后,按 Ctrl+Enter 快捷键测试效果,单击"开始播放"按钮.视频剪辑开始播放;单击"停止播放"按钮,视频剪辑停止播放并返回起始画面;单击"暂停播放"按钮,视频剪辑定格在当前画面。

如同导入的位图或矢量图文件一样,可以更新在外部应用程序中编辑过的导入视频,或导入其他视频来替换嵌入视频,也可以为视频剪辑的实例分配一个不同的元件。为视频剪辑实例分配一个不同的元件会在舞台上显示不同的实例,但是不会改变原来的实例属性(如颜色、旋转等)。

10.3.2　创作播放本地外部视频的 Flash 影片

使用 Flash Professional CS5 可以创作 Flash 影片,使它播放本地外部视频,从主菜单中选择"文件"|"导入"|"导入视频"命令,弹出"导入视频"对话框。

在该对话框中,单击"在您的计算机上"单选按钮,单击"浏览"按钮,在弹出的对话框中选择要使用的视频,然后单击"使用回放组件加载外部视频"单选按钮。

单击"下一步"按钮,就会弹出"外观"界面,在该界面中可以选择回放组件的外观和回放功能项,如图10-15所示。

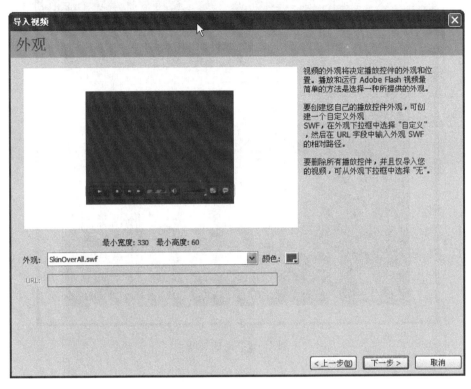

图10-15 "外观"界面

继续单击"下一步"按钮就可以结束设置,一般会出现一个新的对话框,提醒设置已经结束,单击"完成"按钮就可以关闭对话框。

现在,在舞台上可以看到一个回放组件,如图10-16所示。

图10-16 回放组件

按下 Ctrl＋Enter 快捷键可以查看播放效果，如图 10-17 所示。

图 10-17　播放效果

第 **11** 章

ActionScript 2.0 编程基础

前面的章节,介绍了 Flash 各种动画的制作方法,由此可以创造各种各样的动画效果。但是,这些动画在播放的时候,用户是无法自由控制的,也无法和动画形成交互,这是因为动画的效果在制作的过程中就已经确定了,必须改变原始的 FLA 文件,才能改变动画本身,这就大大限制了动画的应用范围。

为了解决 Flash 动画交互以及动画控制的问题,Flash 使用动作脚本(ActionScript,AS)来实现对动画的各种控制。ActionScript 大大地扩充了 Flash 动画的外延,不仅实现了动画的交互及控制,而且逐步发展成独立的编程语言,成为强大的多媒体跨平台创作开发工具。

虽然目前 ActionScript 的最新版本是 3.0,而且 Flash CS5 也完全支持 ActionScript 3.0 的开发,但是,对于相当多的 Flash 制作者而言,ActionScript 2.0 可能才是首选的开发语言。这是因为 AS 2.0 相对于 AS 3.0 更简单,学习起来困难更少;AS 2.0 可以完成简单动画的绝大多数功能,动画制作者为一些可能很少使用的功能而单独学习一门语言,代价过于庞大;AS 2.0 适合于数字媒体专业、艺术专业、动画专业、Flash 动画爱好者学习,AS 3.0 适合于计算机专业、从事大型项目开发、编程能力强的开发人员学习。

考虑到本书读者并非软件开发人员,而主要是 Flash 动画制作者以及少量使用 AS 代码的开发人员,基于以上情况的考虑,本书只介绍 ActionScript 2.0 的基本使用方法。

11.1 ActionScript 的发展简介

11.1.1 ActionScript 简介

ActionScript 是 Flash 的脚本解释语言,可以实现 Flash 中内容与内容,内容与用户之间的交互。AS 的解释工作由动作虚拟机(Action Virtual Machine,AVM)来执行,所以又把 AVM 称为 AS 虚拟机,类似于 Java 虚拟机(JVM)。AVM 嵌入在 Flash Player 中,是 Flash Player 播放器中的一部分。要执行 AS 语句,首先要通过 Flash 创作工具将其编译生成二进制代码,而编译过的二进制代码成为 SWF 文件中的一部分,然后才能被 Flash 播放器执行。

11.1.2 ActionScript 的发展历史

ActionScript 1.0 最初起源于 ECMAScript 标准,诞生于 Flash 5,其运行速度非常慢,而且灵活性较差,无法实现面向对象的程序设计。Flash 6(MX)通过增加大量的内置函数和对动画元素更好地编程控制,更进一步增强了编程环境的功能。

Flash 7(MX 2004) 对 ActionScript 再次进行了全面改进,2.0 版横空出世,它增加了强类型(Strong Typing)和面向对象特征(如显式类声明,继承,接口和严格数据类型),ActionScript 终于发展成为真正意义上的专业级编程语言。

在 Flash 8 中,增加用于运行时图像数据控制和文件上传的新类库及 APIs,使得 ActionScript 2.0 功能更为完善,同时扩展了运行时的功能,改进了外部 API 之间的 Flash 至浏览器的通信,支持综合的、复杂的应用程序的文件上传和下载功能。所以基于 ActionScript 2.0 的 Flash 8 在 Internet 上大放异彩,成就了 Flash 动画在 Internet 上的霸主地位。

但是,随着富互联网应用(Rich Internet Application,RIA)规模的不断扩大,大型项目不断涌现,对 ActionScript 来说,不管是在语言还是在性能上,都急需一个重大的突破。Flash Player 9 版本首次引入了 ActionScript 3 和新一代的 ActionScript 引擎——ActionScript Virtual Machine 2(AVM2),AVM2 显著超越了使用 AVM1 可能达到的性能。ActionScript 3 成为完全意义上的面向对象的编程语言,使其在大型项目的开发上,无论是开发效率还是运行效率都要高得多。这显然对程序员来说是一个好消息,但是对于动画创作人员和从事 Flash 小项目开发的人员来说,却不得不面临学习一门全新计算机编程语言的困难,这就像某人只想在家学做回锅肉,却不得不学习整个川菜体系一样。

11.2 ActionScript 2.0 脚本基础

11.2.1 Flash CS5 的动作面板简介

要建立基于 ActionScript 2.0 的 Flash 动画,需要在新建文件时就选择相应的文件类型,启动 Flash CS5 后,在欢迎界面处选择新建 ActionScript 2.0 按钮,就可以创建一个 Flash 文件,如图 11-1 所示。

执行菜单中的“窗口”|“动作”命令,或者直接按 F9 键,就可以调出“动作”面板。“动作”面板是 Flash 编辑动作脚本的主要场所,用户可以拖动该面板到自己习惯操作的泊坞窗位置,也可以再次按 F9 键进行隐藏。

“动作”面板主要分为左右两部分,其中左边又分为上下两个窗口,各部分的主要功能如图 11-2 所示。

“动作”面板的左上方是工具箱,单击前面的图标展开每一个条目,可以显示出对应条目下的动作脚本语句元素,双击选中的语句即可将其添加到编辑窗口,使用动作工具箱,可以方便地添加动作脚本,大大提高脚本的书写速度和正确率。

“动作”面板的左下方是“脚本”导航器,里面列出了 FLA 文件中具有关联动作脚本的帧位置和对象;单击脚本导航器中的某一项,与该项目相关联的脚本则会出现在“脚本编

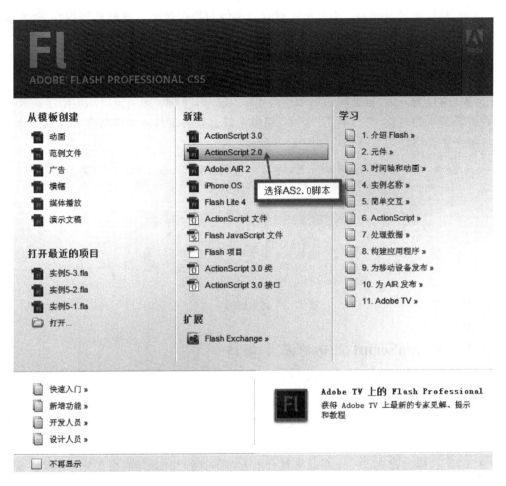

图 11-1 创建基于 ActionScript 2.0 的 Flash 文件

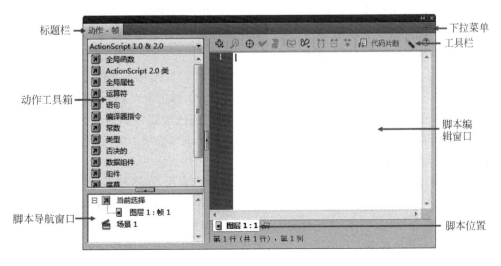

图 11-2 "动作"面板

辑"窗口中,并且场景上的播放头也将移到时间轴的对应位置上。导航器可以在 FLA 文件中快速找到脚本的位置,便于动作脚本的修改。

"动作"面板的右侧部分是"脚本编辑"窗口,是添加代码的区域。用户可以直接在"脚本编辑"窗口中编辑动作、输入动作参数或删除动作,也可以双击"动作"工具箱中的某一项或"脚本编辑"窗口上方的"将新项目添加到脚本中" ,向"脚本"编辑窗口添加动作。

在编辑脚本的时候,充分利用"脚本"编辑窗口上方的工具图标的功能可以高效地编辑脚本。每个工具图标的具体作用如图 11-3 所示。

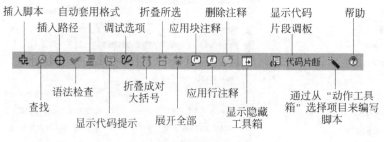

图 11-3 脚本编辑工具栏

11.2.2 ActionScript 2.0 的基本语法

1. 实例 11-1——创建简单的 AS 动画

(1) 新建一个 ActionScript 2.0 的 Flash 文件,在第一帧的舞台上方绘制一个圆形,然后在第 40 帧插入关键帧,建立第一帧到 40 帧的补间形状,接着在第 20 帧插入关键帧,把圆形形状垂直移动到舞台下方,把第一帧到 20 帧的缓动设置为−100,第 20 帧到 40 帧的缓动设置为 100。这样就建立了一个小球从舞台上方落下并弹起的动画,由于 Flash 默认动画为循环播放,所以该动画展示了小球永远不停的跳动效果。

(2) 单击第一帧,按 F9 键打开动作调板,单击动作工具箱的"全局函数"|"时间轴控制",双击 stop,脚本编辑窗口就添加了"stop();",至此,在时间轴的第一帧添加了一条脚本语句,第一帧黑点上出现字母 a,显示为 。动作调板如图 11-4 所示。测试影片,小球静止不动,由此可以知道,该语句的作用是停止播放动画。

(3) 回到时间轴,新建图层 2,执行菜单命令"窗口"|"公用库"|"按钮",打开按钮库调板,单击 buttons bar capped 前的三角形( )展开,分别把 bar capped blue 按钮和 bar capped orange 按钮拖到舞台上,并在属性调板分别把蓝色按钮实例命名为"播放_btn",按钮上的文字改为 Play;把橙色按钮实例命名为"停止_btn",按钮上文字改为 Stop。按钮库调板如图 11-5 所示。

(4) 选中舞台上的蓝色播放按钮,按 F9 键打开动作调板,单击脚本编辑窗口上方"将新项目添加到脚本中"图标 ,选择"全局函数"|"影片剪辑控制"|on|release,则脚本编辑窗口 on 语句,再在}前单击鼠标,使光标出现在}前面,单击图标 ,选择"全局函数"|"时间轴控制"|play,则为蓝色播放按钮添加了相应的脚本。该按钮脚本的作用是:在单击释放蓝色播放按钮后,动画开始播放。脚本如图 11-6 所示。

图 11-4　添加 stop 语句的动作调板

图 11-5　按钮库调板

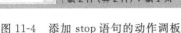

图 11-6　为蓝色按钮添加的脚本

（5）选中蓝色播放按钮的全部脚本，按 Ctrl＋C 键进行复制，然后用鼠标选中舞台上的橙色停止按钮，在脚本编辑窗口中用鼠标单击一下，出现闪动的光标，按 Ctrl＋V 键把刚才复制的脚本粘贴到脚本编辑窗口，修改 play 为 stop，其余不做任何修改，则橙色停止按钮的脚本也添加完成了。该按钮脚本的作用是：在单击释放橙色停止按钮后，动画停止。

（6）回到时间轴，单击图层 1 第 40 帧，按 F9 键打开动作调板，单击动作工具箱的 ✎ ，双击动作工具箱的 goto 语句，单选"转到并播放（P）"，在"帧（F）"后输入 2。表示动画播放完第 40 帧后，并不回到第一帧重复播放，而是从第二帧开始继续播放，从而保证小球能一直跳动。脚本输入如图 11-7 所示。

（7）存盘测试，可以看到，小球开始停止在舞台上方，单击释放蓝色的按钮后，小球开始下落并一直弹跳，单击释放橙色按钮，小球又停止。这样，通过第 1 帧、第 40 帧以及两个按钮上的脚本，成功实现了小球弹跳动画的控制。

2. ActionScript 2.0 脚本的一些基本规则

通过上面的例子，可以体会到 ActionScript 2.0 脚本的编辑是非常简单的，很多时候甚至不需要用户手动输入任何语句就可以完成，这将大大简化为动画添加动作脚本的难度。

（1）ActionScript 2.0 动作脚本可以添加在帧、按钮以及影片剪辑上。在实例 11-1 中，添加了两种脚本：在帧上的脚本和按钮上的脚本。添加在帧上的脚本，在时间轴相应的帧上会出现字母 a，动画运行到该帧的时候，就执行相应的脚本语句，第 1 帧和第 40 帧的脚本就属于这种类型；添加到按钮上的脚本，在时间轴上没有相应的标识，必须在舞台上或者在脚本导航窗口选中相应的按钮，才能看到相应的动作脚本，触发了相应的按钮事件后（比如单击、鼠标滑过、释放等），按钮上的代码才执行；添加到影片剪辑上的脚本，表现形式和按钮类似，将在后面的实例中介绍。

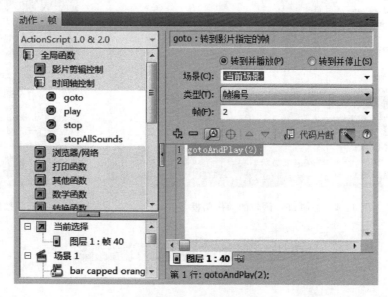

图 11-7　为第 40 帧添加的脚本

（2）ActionScript 关键字对大小写敏感，变量名对大小写不敏感。为了养成良好的代码书写习惯，建议按照大小写敏感的方式书写代码。默认的情况下，当关键字书写正确时，代码编辑框内相应的代码为蓝色；如果书写错误，则为黑色。

（3）ActionScript 执行的先后顺序。不同的图层默认是从下往上执行；level（深度）层级从下往上执行；帧上的代码按实际播放的顺序执行；代码本身从上往下一行一行地执行。

（4）ActionScript 以分号作为每句的结束符。即使多条语句写在同一行中，只要它们之间用分号隔开，每个分号前的部分就会被认为是单独的一条语句。如果删除同一行多条语句之间的分号，则系统会报错；不同行的语句之间，即使没有分号，也会被认为是不同的语句，但是建议每一行只写一条语句，并添加分号。

3. 添加动作脚本的方法

（1）用鼠标双击动作工具栏中相应的动作，即可添加该动作到脚本编辑窗口。

（2）用鼠标选中动作工具栏中相应的动作，按住鼠标左键不松手，拖动该脚本到脚本编辑窗口。

（3）用鼠标右键单击工具栏中相应的动作，选择"添加到脚本"。

（4）用鼠标单击脚本编辑窗口上方"将新项目添加到脚本中"图标 ，从弹出的下拉菜单中选择相应的动作脚本。

（5）单击"通过动作工具箱选择项目来编写脚本" ，然后选择相应的脚本，并设置参数，即可添加动作脚本。此方法适合初学者在对脚本参数不熟悉的情况下使用。

（6）用其他文本编辑工具（如记事本）编辑脚本，保存为扩展名为".as"的文件，单击动作调板右上角的下拉菜单 ▦，选择"导入脚本"，在弹出的对话框中选择 AS 文件，即可把脚本导入编辑窗口。

（7）直接在脚本编辑窗口输入动作脚本。

4．ActionScript 2.0 语法

（1）点

ActionScript 中，使用点语法"．"可以指示与对象或者影片剪辑相关的属性或方法，还可以确定影片剪辑、变量、函数或对象的目标路径。点语法表达式由对象或者影片剪辑实例名开始，接着是一个点，最后是要指定的属性、方法或变量。

例如，一影片剪辑实例名为 my_mc，则 my_mc._x 表示该影片剪辑实例的 X 坐标，my_mc.play()表示播放该影片剪辑。

点语法有两个特殊的别名：_root 和_parent。别名_root 指的是主时间轴，也可以用_root 别名创建一个绝对目标路径。别名_parent 用于引用当前对象嵌入到的影片剪辑，也可以使用它创建相对路径。

例如，_root.stop()表示停止主时间轴动画的播放；如果 my_mc 影片剪辑中嵌入另一影片剪辑 sub_mc，则在 sub_mc 中的_parent.stop()表示停止其父影片剪辑的播放，即 my_mc 影片剪辑停止播放。

（2）大括号

ActionScript 使用大括号（花括号）分块。大括号可以使多个语句组合成块，使之成为逻辑上的一个整体。大括号必须成对地出现，即每个左大括号都必须有一个右大括号与之配对，右大括号总是与之前出现的最近的左大括号配对。

```
if (i == 0)
{
    trace("*");
    trace("**");
    trace("***");
}
else
{
    trace("@");
    trace("@@");
    trace("@@@");
}
```

（3）小括号

ActionScript 函数的参数放在小括号（圆括号）中。如果小括号里面为空，则没有何参数传递。

```
on (release)
{
    play();
}
```

当按钮添加以上代码后，则单击释放按钮，动画开始播放。其中 on 函数有参数

release,play 则没有传递任何参数。

（4）注释

ActionScript 中的注释是用来解释和说明语句的。如果脚本代码语句比较多,则有必要对代码添加相应的注释,以便今后阅读或者修改,特别是一些复杂的大型项目开发,代码的注释成为开发工作中非常重要的组成部分,没有注释的代码是难以阅读和理解的,往往会对项目的开发造成极大的困难。注释本身是不被执行的。

在代码调试过程中,有时也往往把部分语句注释掉,以便查找错误,同时也会添加一些输出调试语句,进一步帮助开发人员查错。在完成相应的调试工作后,把多余的输出调试语句改为注释即可。

注释有两种：一种是单行注释,一种是多行注释。单行注释以"//"开始到本行末尾；多行注释是以"/ *"开头,以" * /"结束的。同样是上面的语句,添加注释后,语句变得更加容易理解。

```
on (release)          //单击按钮,在释放时执行以下动作
{
    play();           //时间轴动画开始播放
}
```

（5）关键字

ActionScript 中保留了一些单词,具有特定的含义,专用于执行一项特定的操作,这就是关键字。关键字不能用作标示符(变量、函数、标签的名字),也不能在 FLA 文件中的其他位置将其用作其他用途。

ActionScript 保留的关键字如表 11-1 所示。

表 11-1 ActionScript 的关键字

as	break	case	catch	class
const	continue	default	delete	do
else	extends	false	finally	for
function	if	implements	import	in
instanceof	interface	internal	is	native
new	null	package	private	protected
public	return	super	switch	this
throw	to	true	try	typeof
use	var	void	while	with
each	get	set	namespace	include
dynamic	final	native	override	static

（6）常数

常数是 ActionScript 语法中的重要组成部分,常数具有固定的值,在整个程序运行过程中都不会改变。ActionScript 中包含多个预定义的常数,如 BACKSPACE,ENTER,SPACE,TAB 都是 Key 类的属性,代表键盘中的按钮；E,PI,SQRT2 都是 Math 类的属性,分别代表数学常数 e,圆周率 π,$\sqrt{2}$。要输出圆周率 π 的值,可以用下面一句语句实现：

```
trace("圆周率 PI = " + Math.PI);
```

测试输出结果为：

圆周率 PI = 3.14159265358979

5. 数据类型

数据类型描述了一个变量或元素能够存放什么样的数据，ActionScript 2.0 内置了原始数据类型和复杂数据类型，其中复杂数据类型也称为引用数据类型。

原始数据类型包含字符串、数字、布尔值等，它们都是具体的数值；复杂数据类型包含对象、影片剪辑，它们的值可能发生改变，是对该元素实际值的引用。

(1) 字符串类型（String）

字符串，顾名思义，就是由字母、数字、符号等字符所组成的序列。字符串由双引号封闭，也就是说，把一系列字符用双引号引起来就构成了字符串。值得一提的是，可以用"＋"（加号）实现两个或者多个字符串的连接。例如，下面两条语句中，字符串变量 String1 和 String2 的值是相同的。

```
String1 = "This is a book about Flash CS5!";
String2 = "This is " + "a book " + "about Flash CS5" + "!";
```

如果要在字符串中包含双引号，则需要使用转义符号"\"，同样，还有其他类似的转义符号，如表 11-2 所示。

表 11-2 转义符号

转 义 符 号	操　作	转 义 符 号	操　作
\b	退格	\t	Tab 键
\f	制表符	\"	双引号
\n	换行符	\'	单引号
\r	回车符	\\	反斜杠

(2) 数字类型（Number）

数字类型都是双精度浮点数，可以用算术运算符＋（加）、－（减）、×（乘）、/（除）、％（取模）、＋＋（自增）、－－（自减）等来处理，也可以用内置的 Math 类和 Number 类的方法来处理。例如，要验证勾股定理，则可以用 Math. sqrt(3 * 3＋4 * 4)来实现。

(3) 布尔类型（Boolean）

与其他编程语言一样，布尔类型只有两个值：一个是 true(真)，一个是 false(假)。布尔类型经常与逻辑运算符或比较运算符配合使用，通过判断某个条件是否成立，来控制程序运行的流程。

(4) 对象类型（Object）

对象是属性的集合，每一个属性都有自己的名称和值，属性值又可以是任何数据类型，可以用点"."运算符来指定对象及属性。请看下面的表达式：

```
Employee_Age = university. department. teacher. age;
```

在表达式中，变量 Employee_Age 被赋值，其值为对象 university 的 department 的 teacher 的 age 属性值，也就是说，age 是 teacher 的属性，teacher 又是 department 的属性，department 仍然是 university 的属性，通过"."运算符，一层一层获取到了需要的属性值。

影片剪辑（MovieClip）也是属于对象类型中的一种，它在 Flash 动画中有着极其重要的地位，并且经常使用。它们是唯一引用图形元素的数据类型，允许用户使用 MovieClip 类的方法控制影片剪辑元件。例如，要动态地创建影片剪辑并加载外部图片，如下面的示例所示。

```
//创建一个影片剪辑以放置该容器
this.createEmptyMovieClip("image_mc", 1);
//将百度 logo 图像加载到 image_mc 中
image_mc.loadMovie("http://www.baidu.com/img/bdlogo.gif ");
```

6. 变量

变量相对于常量而言，其值是可以变化的，用户可以通过程序对变量进行任意赋值。变量可以存储任意类型的数据，它存储的数据类型不同，将会影响该变量值发生不同的变化。

变量的命名需要遵守以下规则。

（1）变量名必须以字母或下划线开头，以字母、数字、下划线和"＄"组合而成，其中不能包含空格。my_name、_book、a123 都是有效的变量名，@abc、4you、^_^ 都不是有效的变量名。

（2）变量名不能与保留关键字同名。保留关键字见表 11-1，也就是说，for、true、if 等都不能作为变量名。

（3）变量名在自己的有效区域内必须唯一。也就是说，在同一有效区域内，不能有两个相同名字的变量。

根据作用范围不同，变量又分为全局变量和局部变量。

（1）全局变量。全局变量在整个动画中都可以被操作，在所有时间轴中共享，它不用申明即可直接使用。

（2）局部变量。局部变量只能在它定义的那个区域被操作，通常是在一对大括号"{}"之间，经常使用在自定义函数中。局部变量可以使用和全局变量相同的名称，它们彼此之间不会发生冲突。

全局变量和局部变量的区别与变量的数据类型没有关系，任何一种数据类型的变量既可以是全局变量也可以是局部变量。

7. 表达式

表达式是指用运算符将常量、变量、函数以一定的运算规则组织在一起的语句，表达式由运算符和操作数组成。表达式可以分为三种类型，分别是算术表达式、字符串表达式和逻辑表达式，如下分别展示了三种不同类型的表达式。

```
Math.PI * r * r + (d * h)/2                        //算数表达式
"我" + "喜欢" + "Flash" + "动画"                      //字符串表达式
(book == "Flash CS5") && (language != "English")   //逻辑表达式
```

8. 运算符

运算符是一些特定的字符，使用它们可以对常量和变量进行操作运算。运算符包括算数运算符、比较运算符、字符串运算符、逻辑运算符、位运算符、等于运算符、赋值运算符、点运算符和数组访问运算符。

（1）算数运算符

算数运算符有加、减、乘、除等，具体如表 11-3 所示。

表 11-3 算术运算符

算数运算符	操 作
＋	左边数加上右边数
－	左边数减去右边数
＊	左边数乘以右边数
/	左边数除以右边数
％	左边数除以右边数后的余数
＋＋	自加 1
－－	自减 1

（2）比较运算符

比较运算符用于比较数值的大小，并返回布尔值（true 或 false），主要用于循环和条件语句之中。比较运算符如表 11-4 所示。

表 11-4 比较运算符

比较运算符	操 作
＜	小于
＞	大于
＜＝	小于等于
＞＝	大于等于

两个字符串也可以用比较运算符来操作，不过比较的不是两个字符串的大小，而是从两个字符串的第一个字符开始，一个一个比较，直到其中一个比另一个先出现在字符表的前面。

字符串还可以和数字进行比较，系统会自动把字符串转换为数字类型后再比较大小。

（3）字符串运算符

前面已经提到，用"＋"可以将两个字符串连接在一起。

（4）逻辑运算符

逻辑运算符用于对布尔值进行操作，返回新的布尔值，逻辑运算符常与比较运算符配合使用，用来确定 if 动作的条件。逻辑运算符如表 11-5 所示。

表 11-5 逻辑运算符

逻辑运算符	操 作
＆＆	逻辑与（运算符两边的逻辑值均为真时，整个表达式为真）
‖	逻辑或（运算符两边的逻辑值有一个为真时，整个表达式为真）
！	逻辑非（与被操作的逻辑值相反）

（5）位运算符

位运算符是对数字的底层操作，是把数据转化成二进制代码后进行的操作。位运算符如表 11-6 所示。

表 11-6　位运算符

位 运 算 符	操　作
&	按位取与
|	按位取或
^	按位取异或
~	按位取非
<<	左移
>>	右移
>>>	右移后空位用 0 填补

（6）等于运算符

等于运算符"＝＝"用来比较两个变量是否相等，并返回一个布尔值。等于运算符包含的内容如表 11-7 所示。

表 11-7　等于运算符

等于运算符	操　作
＝＝	等于
!=	不等于
＝＝＝	全等
!＝＝	不全等

需要注意的是，"＝＝"运算符和"＝"运算符是完全不同的。

（7）赋值运算符

赋值运算符可以为变量赋值。运算符包含的内容如表 11-8 所示。

表 11-8　赋值运算符

赋值运算符	操　作
＝	赋值
＋＝	相加后赋值
－＝	相减后赋值
* ＝	相乘后赋值
/＝	除以后赋值
%＝	取模后赋值
<<＝	按位左移后赋值
>>＝	按位右移后赋值
>>>	按位右移并用 0 填充后赋值
&＝	按位取与后赋值
|＝	按位取或后赋值
^＝	按位取异或后赋值

（8）点运算符和数组访问运算符

使用点运算符"."和数组访问运算符"[ ]"都可以访问对象的属性，但是它们在操作原理上是不同的，"."运算符直接对属性进行操作，而"[ ]"运算符先对方括号里的变量求值，然后根据值来找到属性。另外,"[]"是可以嵌套使用的,利用这个特点,可以用来表示多维数组。

9. 实例11-2——运算器的制作

学习了 ActionScript 2.0 的基本语法规则后,现在通过一个简单的实例来体会动作脚本对数据的处理方式。

(1)新建一个 ActionScript 2.0 的 Flash 文件,大小、背景颜色及帧频都取默认值。

(2)用文本工具 **T**,在舞台上方书写静态文本"数值运算:";然后以"输入文本"方式绘制三个输入文本框,并设置"在文本周围显示边框" ▤,输入文本框的实例名分别为 num1,op1,num2;然后在其后输入静态文本"=",并在等号后创建动态文本框,其实例名为 result1;在每个文本框下创建静态文本作为输入框提示,再创建一个按钮,实例名为 ok1_btn,调整其文字、文本框、按钮的大小和位置,使其美观整齐,如图 11-8 所示。

图 11-8 为数值运算制作交互界面

(3)选中舞台上所有对象,按 Ctrl+C 键进行复制,然后按 Ctrl+V 键进行粘贴,调整各对象位置。把复制出来的"数值运算"改为"字符串运算",新的输入文本框、动态文本框和按钮实例名依次改为 string1、op2、string2、result2、ok2_btn。

(4)以同样的方式复制粘贴生成修改"位运算",新的输入文本框、动态文本框和按钮实例名依次改为 bit1、op3、bit2、result3、ok3_btn;在位运算下方再次复制粘贴生成动态文本框,并不设置"在文本周围显示边框",依次命名为 bit11、op4、bit22、result4,用于位运算时的二进制显示。整体交互式界面如图 11-9 所示。

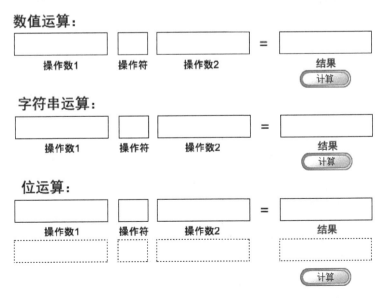

图 11-9 整体交互界面

（5）为数字运算部分书写代码。选中按钮 ok1_btn，按 F9 键调出动作调板，对按钮事件书写代码，该按钮代码如下。

```
on (releas) //释放按钮执行以下语句
{
    if (op1.text == "+")                        //输入的操作符为+
    {
        result1.text = Number(num1.text) + Number(num2.text);
    }else if(op1.text == "-")                   //输入的操作符为-
    {
        result1.text = Number(num1.text) - Number(num2.text);
    }else if(op1.text == "*")                   //输入的操作符为*
    {
        result1.text = Number(num1.text) * Number(num2.text);
    }else if(op1.text == "/")                   //输入的操作符为/
    {
        result1.text = Number(num1.text) / Number(num2.text);
    }else if(op1.text == "%")                   //输入的操作符为求余
    {
        result1.text = Number(num1.text) % Number(num2.text);
    }else
    {
        result1.text = "操作符不正确";           //输入其他的操作符
    }
}
```

本段代码首先对操作符进行判断，如果是"＋"、"－"、"＊"、"/"、"％"中的任何一种操作符，则执行相应的数值计算并输出结果，如果操作符不是以上内容，则在结果框显示"操作符不正确"。输入数值和操作符后，单击并释放按钮执行代码。

（6）为字符串运算部分书写代码。选中按钮 ok2_btn，按 F9 键调出动作调板，对按钮事件书写代码，该按钮代码如下。

```
on (release)
{
    if (op2.text == "+")
    {
        result2.text = string1.text + string2.text   //两个字符串直接连接
    }else if(op2.text == ">")
    {
        result2.text = string1.text > string2.text;   //第一个字符串是否比第二个靠后
    }else if(op2.text == "<")
    {
        result2.text = string1.text < string2.text;   //第一个字符串是否比第二个靠前
    }else if(op2.text == "==")
    {
        result2.text = string1.text == string2.text;  //两个字符串是否相同
    }else if(op2.text == ">=")
    {
        result2.text = string1.text >= string2.text;  //第一个字符串是否不比第二个靠前
    }else if(op2.text == "<=")
```

```
    {
        result2.text = string1.text <= string2.text;    //第一个字符串是否不比第二个靠后
    }else if(op2.text == "!=")
    {
        result2.text = string1.text != string2.text;  //两个字符串是否不同
    }else
    {
        result2.text = "操作符不正确";                  //操作符输入有错
    }
}
```

本段代码同样是对操作符进行判断,并根据输入的操作符,确定两个字符串的处理方式。

(7)为位运算部分书写代码,由于位运算是对数值的二进制代码进行运算,所以为了更加便于理解,增加了二进制数显示方式。选中按钮 ok3_btn,按 F9 键调出动作调板,对按钮事件书写代码,该按钮代码如下。

```
on (release)
{
    if (op3.text == "&")            //两个数的二进制代码按位进行与运算
    {                              //把输入的两个数转化为数字后直接按位进行与运算
        result3.text = Number(bit1.text) & Number(bit2.text);
        a = Number(bit1.text);        //把第一个输入转化成数字
        b = Number(bit2.text);        //把第二个输入转化成数字
        c = Number(result3.text);     //把运算结果转化成数字
        bit11.text = a.toString(2);   //显示第一个数的二进制码
        bit22.text = b.toString(2);   //显示第二个数的二进制码
        result4.text = c.toString(2); //显示结果的二进制码
        op4.text = op3.text;          //操作符
    }else if(op3.text == "|")        //两个数的二进制代码按位进行或运算
    {
        result3.text = Number(bit1.text) | Number(bit2.text);
        a = Number(bit1.text);
        b = Number(bit2.text);
        c = Number(result3.text);
        bit11.text = a.toString(2);
        bit22.text = b.toString(2);
        result4.text = c.toString(2);
        op4.text = op3.text;
    }else if(op3.text == "^")        //两个数的二进制代码按位进行异或运算
    {
        result3.text = Number(bit1.text) ^ Number(bit2.text);
        a = Number(bit1.text);
        b = Number(bit2.text);
        c = Number(result3.text);
        bit11.text = a.toString(2);
        bit22.text = b.toString(2);
        result4.text = c.toString(2);
        op4.text = op3.text;
    }else if(op3.text == "~")        //第一个数的二进制代码按位取非,第二个数无用
```

```
    {
        result3.text = ～Number(bit1.text);
        a = Number(bit1.text);
        b = Number(bit2.text);
        c = Number(result3.text);
        bit11.text = a.toString(2);
        bit22.text = b.toString(2);
        result4.text = c.toString(2);
        op4.text = op3.text;
    }else if(op3.text == "<<")              //第一个数按位左移第二个数值的位数
    {
        result3.text = Number(bit1.text) << Number(bit2.text);
        a = Number(bit1.text);
        b = Number(bit2.text);
        c = Number(result3.text);
        bit11.text = a.toString(2);
        bit22.text = b.toString(2);
        result4.text = c.toString(2);
        op4.text = op3.text;
    }else if(op3.text == ">>")              //第一个数按位右移第二个数值的位数
    {
        result3.text = Number(bit1.text) >> Number(bit2.text);
        a = Number(bit1.text);
        b = Number(bit2.text);
        c = Number(result3.text);
        bit11.text = a.toString(2);
        bit22.text = b.toString(2);
        result4.text = c.toString(2);
        op4.text = op3.text;
    }else if(op3.text == ">>>")             //第一个数按位右移第二个数值的位数,空位补零
    {
        result3.text = Number(bit1.text) >>> Number(bit2.text);
        a = Number(bit1.text);
        b = Number(bit2.text);
        c = Number(result3.text);
        bit11.text = a.toString(2);
        bit22.text = b.toString(2);
        result4.text = c.toString(2);
        op4.text = op3.text;
    }else
    {
        result3.text = "操作符不正确";   //操作符输入错误
    }
}
```

（8）存盘测试，在操作数中输入相应的数据，分别单击"确定"按钮，就能完成不同类型数据的计算。输入数据运算结果如图 11-10 所示。

10. 事件

事件是动作脚本的触发器，也是制作交互式动画的基础。ActionScript 2.0 中包含三种类型的事件，它们是帧事件、鼠标键盘事件和影片剪辑事件，因此，动画中的脚本代码，是围

绕着这几类事件而产生的。事件发生时,应编写一个事件处理函数,从而在该事件发生时让一个动作响应该事件,了解事件发生的时间和位置将有助于确定在什么位置、以什么样的方式用一个动作响应该事件,以及在各种情况下分别应该使用哪些 ActionScript 工具。

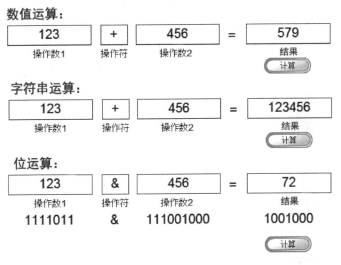

图 11-10 运算结果截图

（1）帧事件

在主时间轴、图形元件时间轴或影片剪辑时间轴上,当播放头进入关键帧时会发生帧事件。帧事件可用于根据时间的推移触发动作或与舞台上当前显示的元素交互。如果向一个关键帧中添加了一个脚本,则在播放期间到达该关键帧时将执行该脚本,附加到帧上的脚本称为帧脚本。

（2）鼠标键盘事件

用户与 SWF 文件或应用程序交互时触发鼠标和键盘事件。例如,当用户鼠标滑过一个按钮时,将发生 Button.onRollOver 或 on(rollOver) 事件;如果按下键盘上的某个键,则发生 on(keyPress) 事件。鼠标键盘事件必须出现在 on 处理函数中,当在脚本编辑窗口插入 on 函数时,可以看到系统的各种鼠标按钮事件,如图 11-11 所示。

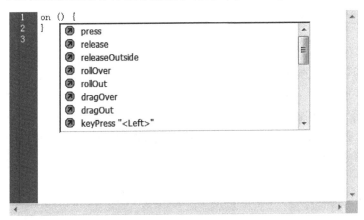

图 11-11 鼠标键盘事件

值得一提的是,Flash 没有鼠标双击事件,也没有鼠标右击事件,要实现其功能,必须采用其他方法。

（3）影片剪辑事件

在影片剪辑中,可以响应用户进入或退出场景或使用鼠标或键盘与场景进行交互时触发的多个剪辑事件。例如,可以在用户进入场景时将外部 SWF 文件或 JPG 图像加载到影片剪辑中,或允许用户使用移动鼠标的方法在场景中调整元素的位置。当在脚本编辑窗口插入 onClipEvent 函数时,可以看到系统的各种影片剪辑事件,如图 11-12 所示。

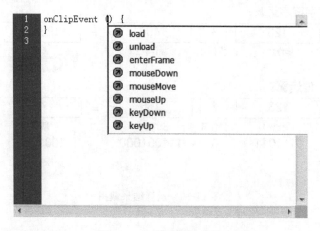

图 11-12　影片剪辑事件

11.2.3　程序流程控制

和所有其他编程语言一样,ActionScript 语言也有控制语句,比如循环控制语句 for,条件控制语句 if 等。以下向大家介绍最基本的程序流程控制语句。

1. 顺序执行流程控制

顺序执行是按照程序行的书写顺序逐行向下执行。

```
a = 1;
b = 2;
c = a + b;
trace("c = " + c);
```

以上语句顺序执行,首先把 1 赋值给变量 a,然后把 2 赋值给变量 b,接着 $a+b$ 的和赋值给变量 c,最后输出 c 的值。4 条语句有严格的顺序,必须先执行前面的语句,才能逐条依次执行后面的语句。

2. 条件选择流程控制

条件选择语句用来判断所给定的条件是否满足,根据条件的布尔值（true 或者 false）来决定执行某一部分代码。

（1）if 语句

if 语句的格式为:

```
if(条件表达式)
```

```
{
要执行的语句
}
```

if 语句执行的时候,首先判断条件表达式是否成立,如果条件表达式为 true,则执行 if 后面{}之内的语句;如果条件表达式为 false,则跳过 if 语句,执行{}后面的其他语句。下面通过一个简单的例子来说明 if 语句的用法。

```
password = "flash♯123";
if(input == password)
{
    gotoAndPlay("ok");
}
gotoAndPlay("wrong");
```

在这个例子中,首先设置了字符串 password 的值,然后判断输入的 input 字符串是否与 password 相同,如果相同,则运行 gotoAndPlay("ok")语句,跳转到预先设置好的帧标签 ok 处播放动画;如果不相同,则直接跳转到 if 后面的语句,运行 gotoAndPlay("wrong"),到帧标签 wrong 处播放动画。

(2) if…else 语句

if…else 语句的格式为:

```
if(条件表达式)
{
要执行的语句 A;
}else
{
要执行的语句 B;
}
```

if…else 语句和 if 语句类似,也是首先判断条件表达式是否成立,如果条件表达式为 true,则执行 if 后面{}之内的语句;如果条件表达式为 false,则执行 else 后面{}内的语句。把上面的例子修改一下来说明 if…else 语句的用法。

```
password = "flash♯123";
if(input == password)
{
    gotoAndPlay("ok");
}else
{
    gotoAndPlay("wrong");
}
```

本例和前一个例子粗略一看好像差不多,但是其实在程序流程上有很大差别。在前一个例子中,如果条件成立,则执行 gotoAndPlay("ok")语句,执行完 if 语句后,顺序执行 gotoAndPlay("wrong")语句,也就是说,无论条件是否成立,gotoAndPlay("wrong")都一定会执行。而在本例中,条件成立,则执行 gotoAndPlay("ok")语句,不执行 gotoAndPlay("wrong")语句;条件不成立,运行 gotoAndPlay("wrong")语句,不执行 gotoAndPlay("ok")

语句。

（3）if…else if 语句

if…else if 语句的格式为：

```
if(条件表达式)
{
要执行的语句 A;
}else if
{
要执行的语句 B;
}…
```

如果要判断多个条件，则需要 if…else if 语句，这其实是 if…else 语句的嵌套，可以实现多个条件的判断。比如考试分数转化为等级，就可以用 if…else if 语句来完成。

```
if(score<60)            //低于 60 分不及格
{
    level="不及格";
}else if(score<70)      //进入此条件，肯定大于等于 60 分
{
    level="及格";        //60 至 70 分之间，及格
} else if (score<80)    //进入此条件，肯定大于等于 70 分
{
    level="中等";        //70 至 80 分之间，中等
} else if (score<90)    //进入此条件，肯定大于等于 80 分
{
    level="良好";        //80 至 90 分之间，良好
} else                  //进入此条件，肯定大于等于 90 分
{
    level="优秀";        //90 分以上，优秀
}
```

（4）switch 语句

switch 语句的格式为：

```
switch(表达式){
case 表达式的值:
要执行的语句 A
break;
case 表达式的值:
要执行的语句 B
Break;
…
default:
要执行的语句 N
}
```

switch 括号中的表达式可以是一个变量，后面的大括号中可以有多个 case 表达式的值。程序执行时会从第一个 case 开始检查，如果第一个 case 后的值是括号中表达式的值，那么就执行它后面的语句，如果不是括号中表达式的值，那么程序就跳到第二个 case 检查，以此类推，直到找到与括号中表达式的值相等的 case 语句为止，并执行该 case 后面的语句。

每一句 case 后面都有一句 break,其作用是跳出 switch 语句,即当找到相符的 case,并执行相应的语句后,程序跳出 switch 语句,不再往下检测。可能会有这样的情况,所有的 case 语句后的值都与表达式的值不相符,那么就应该用 default 语句,这时程序就会执行 default 后的语句。如果确定不会出现这种情况,也可以不要 default 语句,但建议最好还是有 default 语句。

同样,也可以用 switch 语句来完成从考试等级到分数段的转化。

```
switch(level)
{
    case "不及格":
    trace("你的分数低于 60 分");
    break;
    case "及格":
    trce("你的分数位于 60 至 70 分之间");
    break;
    case "中等":
    trace("你的分数位于 70 至 80 分之间");
    break;
    case "良好":
    trace("你的分数 80 至 90 分之间");
    break;
    case "优秀":
    trace("你的分数在 90 分之上");
    break;
    default:
    trace("你输入的等级不正确");
}
```

3. 循环结构流程控制

循环结构是通过一定的条件来控制某一程序块的重复执行的,当不满足循环条件时就停止执行循环语句。循环结构是所有编程语言最重要的基本语句之一,对于程序的控制有着举足轻重的作用。

(1) for 循环语句

for 语句的格式为:

```
for(初值;循环条件;增值)
{
要执行的循环体;
}
```

for 循环语句包含循环变量初值、循环条件和循环变量增值三个部分,当循环变量初值符合循环条件,就会执行循环体的语句一次,接着再通过循环变量增值的运算,改变循环变量的值;如果循环变量依然满足循环条件,则再次执行循环体的语句,并通过循环变量增值再次改变循环变量的值,直至不满足循环条件为止,此时跳出循环,执行循环语句之后的语句。下面的语句就是通过循环,输出 1 至 9 共 9 个数。

```
for(i = 1;i < 10;i++)     //初值 i = 1; i < 10 的条件下循环; 每次循环后 i 自加 1
{
```

```
    trace(i);                //输出 i 的值
    }
```

当然,for 循环是可以嵌套的,由此可以构成两重或者多重循环,实现更加复杂的计算,下面的代码是利用双重循环输出九九乘法表。

```
for (i = 1; i < 10; i++)          //外部循环,控制行数,共循环 9 次
{
    mystring = "";                //每次换行后,初始化字符串变量为空
    for (j = 1; j <= i; j++)      //内部循环,控制每行的列数,每行递增一列
    {
        mystring = mystring + i + " * " + j + " = " + i * j + " ";  //同样的被乘数合并成一整行
    }
    trace(mystring);              //每次输出一行乘法表
}
```

(2) while 循环语句

while 语句的格式为:

```
while (循环条件)
{
要执行的循环体;
}
```

很多时候,并不能像 for 循环那样预先确定循环次数,这就要用 while 循环来控制。while 循环属于前测式循环,即首先判断是否满足循环条件,如果满足循环条件,则执行循环体,循环体内必须有改变条件测试值的语句,以便执行一次循环体后,再次判断循环条件,若仍然满足条件,则再次执行循环体……以此类推,直到循环条件不满足时,退出循环去执行后面的语句。由此可见,while 循环有可能一次都不会执行。下面的例子是求 100 以内能被 7 整除的自然数。

```
i = 1;
while (i < 100)          //设置循环条件,不能确定循环次数
{
    if (i % 7 == 0)      //数 i 对 7 取模为 0,说明该数能被 7 整除
    {
    trace(i);;           //输出能被 7 整除的数
    }
    i++;                 //i 自增 1
}
```

(3) do while 循环语句

do while 语句的格式为:

```
do{
要执行的循环体;
} while (循环条件)
```

do while 循环是 while 循环的变体,属于后测式循环,即不管循环条件如何,首先执行一次循环体,然后才判断是否满足循环条件,同样,循环体内必须有改变条件测试值的语句,

如果满足循环条件,则再次执行循环体……以此类推,直到循环条件不满足时,退出循环去执行后面的语句。由此可见,do while 循环至少会执行一次循环体。上面的例子也可以改成如下的形式。

```
i = 1;
do {
    if (i % 7 == 0)        //数 i 对 7 取模为 0,说明该数能被 7 整除
    {
    trace(i);;             //输出能被 7 整除的数
    }
    i++;                   //i 自增 1
} while (i < 100)          //设置循环条件,不能确定循环次数
```

可以看到,两段程序几乎没有差别,但是在某些情况下,这两种循环结构有可能出现不同的运行结果。

11.3　ActionScript 2.0 实例

11.3.1　实例 11-3——加载进度条的制作

Flash 动画制作好以后,并不仅仅是在本机上播放,更多的时候,是把 Flash 生成的 SWF 文件嵌入到网页中,发布到 Internet,从而使访问该网页的所有用户都能看见。但是,有些 SWF 文件比较大(包含大量的图片、声音、视频等),这就会导致网页从服务器上加载 SWF 文件需要较长的时间,特别是网络带宽很窄的时候,这种情况尤为明显。如果用户在等待 SWF 文件载入的过程中没有得到任何提示,他们很可能认为网页发生错误而关闭该网页,从而导致用户流失。所以,在网页载入的过程中,有必要为用户提供一个可视化的加载进度显示,以便挽留用户。因此,加载进度条是 Flash 动画中不可或缺的组成部分,而且,制作精美的加载进度条也会为 Flash 作品增色不少。下面将介绍一种简单的进度条的制作方法。

(1) 首先建立一个 ActionScript 2.0 的 Flash 文件,舞台大小为 600×400 像素,帧频 12 帧/秒,背景色默认。

(2) 新建一个影片剪辑元件,取名为"进度条",在"进度条"影片剪辑的图层 1 上,用矩形工具 ▣ ,设置笔触颜色为黑色,大小为 2,填充色为绿色,绘制一个宽 200,高 10 的带框矩形。在第 100 帧处按 F5 键插入帧,使整个进度条扩充为 100 帧。

(3) 用鼠标选中图层 1 中绿色的填充区域(不要选中黑色边框),按 Ctrl+X 键剪切,然后新建图层 2,按 Shift+Ctrl+V 键粘贴到当前位置。此时,图层 1 为 100 帧的黑色边框,图层 2 为 100 帧的绿色填充区域。

(4) 再次新建图层 3,在进度条左边绘制一个无框矩形,颜色任意,位置刚好位于进度条左侧,高度完全盖过进度条。然后在第 100 帧处插入关键帧,使用任意变形工具 ▨ ,改变无框矩形宽度刚好盖过进度条右端,创建第 1 帧到 100 帧之间的补间形状。设置图层 3 为遮罩层,并在第 100 帧处添加帧代码"stop();",把图层 1 移动到最上面图层,则"进度条"影片

剪辑制作完成。"进度条"影片剪辑制作如图 11-13 所示。

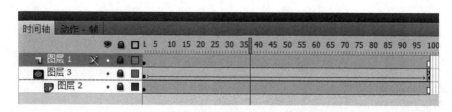

图 11-13   进度条制作

(5) 回到场景 1,从库中把"进度条"影片剪辑拖至舞台中央,其实例名为 my_load_mc,把图层 1 更名为"进度",在第二帧按 F5 键,使"进度"图层包含两帧。

(6) 新建图层,命名为"百分比",使用文本工具在进度条上方创建一个动态文本框,在选项处设置变量为 per,然后在动态文本框后输入静态文本"%"。

(7) 新建"图片"图层,从外部导入 4 张图片素材到库中,在"图片"图层的第三帧处插入关键帧,把第一张图片拖入舞台,改变位置大小,使其完整显示;同样在第 23、第 43、第 63 帧处插入其他图片素材,并扩充时间轴到第 83 帧处。

(8) 再次创建新图层,名为"AS",代表本图层是代码层,专门用来书写代码。在第一帧书写如下代码。

```
total = getBytesTotal();
loaded = getBytesLoaded();
per = Math.round ((100 * loaded/total));
my_load_mc.gotoAndStop(per);
```

其中第一句用 getBytesTotal() 来获取整个文件的字节数,并赋值给变量 total。第二句用 getBytesLoaded() 来获取已经加载的字节数,并赋值给变量 loaded。第三句用已经加载的字节数除以总字节数,得到加载百分比,乘以 100 后得到一个介于 0 到 100 之间的数,但是可能是小数,所以用 Math.round 进行取整,最后赋值给变量 per(per 是动态文本框的变量),其值为 0 至 100 之间的整数。第四句中,my_load_mc 是影片剪辑"进度条"的实例名,.gotoAndStop() 作用是跳转至指定帧,并停止,所以整句的作用是让"进度条"影片剪辑跳转至相应的帧。

(9) 在 AS 图层的第二帧插入关键帧,并在第二帧书写如下代码:

```
if (per < 100)
{
    gotoAndPlay(1);
}
else
{
    gotoAndPlay(3);
}
```

第二帧的代码很好理解，如果进度没到 100%，则跳转回第一帧再次计算，如果达到 100%，则跳转至第三帧，正式播放动画。

（10）在 AS 图层第 83 帧处再次插入关键帧，输入"stop();"，停止整个动画的播放。主场景时间轴如图 11-14 所示。

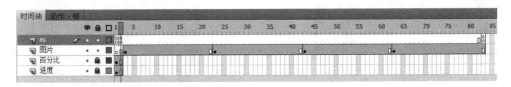

图 11-14　主场景时间轴

（11）按 Ctrl＋Enter 键测试动画，几乎看不到加载过程，在播放窗口执行"视图"|"模拟下载"（或者直接按两次 Ctrl＋Enter 键），则可以看到模拟加载的过程，当加载进度达到 100% 后，就开始显示素材图片。模拟加载过程如图 11-15 所示。

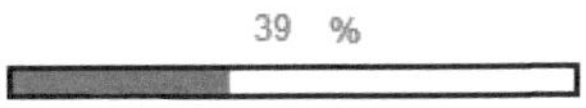

39 %

图 11-15　模拟加载过程

值得一提的是，影片剪辑"进度条"是最能体现动画制作者创意的环节，进度条的表现形式及动画效果越有创意，给用户的印象就越深刻，进度条影片剪辑一般都做成 100 帧，是为了方便和加载进度百分比相对应。另外，本例中第三帧后显示的图片，主要是为了增加整个 SWF 文件的大小而添加的，如果没有这些图片，SWF 文件将非常小，即使模拟测试，也不容易看清楚加载效果，当然，图片也可以用声音文件、视频文件代替。

11.3.2　实例 11-4——制作时钟

Flash 自带了许多对象和方法，在编写动作脚本时，很多时候直接使用就可以了，不需要重新撰写，这将大大减轻动画制作的难度。比如，要对日期和时间进行操作，只需要调用 Date 对象的相关方法就可以实现。下面通过制作时钟的实例，来讲解如何使用 Date 对象。

（1）新建一个 ActionScript 2.0 的 Fash 文件，舞台大小、帧频、背景色均默认。

（2）执行菜单项"视图"|"标尺"，把舞台标尺显示出来，然后用鼠标从上方标尺处拖出水平方向的辅助线，从左侧标尺处拖出竖直方向的辅助线，使两条辅助线交叉于舞台中央位置，选择"视图"|"紧贴"|"紧贴至辅助线"。

（3）把图层 1 改名为"表盘"，在第一帧处以辅助线交点为圆心绘制一个只有轮廓无填充色的大圆，接着在大圆内绘制垂直方向的直径，按 Ctrl＋T 键调出变形调板，选择旋转 6°，重复按"复制选区和变形"按钮 ，复制直径充满整个大圆，然后再绘制一个与大圆同心的稍小的圆，并逐一删除小圆内的直线，然后选择颜料桶工具，选择合适的颜色对表盘进行填充，从而完成表盘的绘制。表盘如图 11-16 所示。

（4）新建"刻度"图层，用文本工具在表盘内部用静态文本标识小时数，然后，用"复制选区和变形"的方法，在每个小时的刻度处增加一条较粗的刻度，绘制好后如图 11-17 所示。

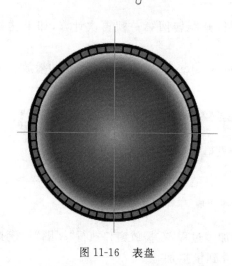

图 11-16　表盘

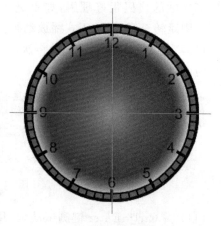

图 11-17　刻度制作

（5）在"刻度"图层之上新建图层"数字信息"，用文本工具分别创建 8 个动态文本框，并显示边框，然后调整其位置，分别用于显示年月日、星期、时间，再次使用文本工具，分别在动态文本框之后创建静态文本，辅助显示时间信息。每个动态文本框在"选项"栏均设置变量名，其中显示年份的动态文本框变量名为 nowyear，nowmonth 显示月份，nowd 显示日期，nowday 显示星期，nowhour 显示小时数，nowminute 显示分钟，nowsecond 显示秒，nowms 显示毫秒。文本框位置及变量名如图 11-18 所示。

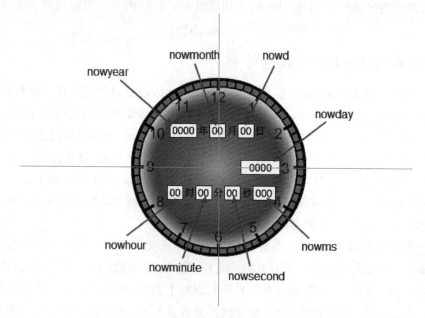

图 11-18　创建显示用文本框

（6）新建一个影片剪辑元件，名为"时针"，垂直方向绘制时针形状，确保时针旋转的位置的 X 坐标和 Y 坐标均为 0。以同样方式创建"分针"和"秒针"影片剪辑，注意调整时针、分针和秒针的长短和粗细。绘制好的时针、分针和秒针如图 11-19 所示。

（7）回到场景 1，再次新建图层"指针"，依次把"时针"、"分针"、"秒针"影片剪辑拖到舞台上,并使三个指针的旋转中心对准圆心,使用任意变形工具 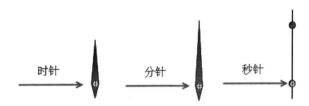,把三个影片剪辑的变形中心点也改为圆心位置,分别命名影片剪辑"时针"的实例名为 hour_mc、"分针"的实例名为 minute_mc、"秒针"的实例名为 second_mc。

图 11-19 创建时针、分针、秒针影片剪辑

(8) 新建 AS 图层,在第一帧处添加如下代码。

```
var nowdate:Date = new Date();
nowyear = nowdate.getFullYear();
nowmonth = nowdate.getMonth() + 1;
nowd = nowdate.getDate();
switch(nowdate.getDay())
{
case 1:nowday = "星期一";
break;
case 2:nowday = "星期二";
break;
case 3:nowday = "星期三";
break;
case 4:nowday = "星期四";
break;
case 5:nowday = "星期五";
break;
case 6:nowday = "星期六";
break;
case 7:nowday = "星期日";
break;
}
nowhour = nowdate.getHours();
nowminute = nowdate.getMinutes();
nowsecond = nowdate.getSeconds();
nowms = nowdate.getMilliseconds();
hour_mc._rotation = nowhour * 360/12 + nowminute * 360/12/60;
minute_mc._rotation = nowminute * 360/60;
second_mc._rotation = nowsecond * 360/60;
```

现在分别讲解每一句的作用。

第一句的作用是实例化一个 Date 类,名字为 nowdate,通过本条语句,nowdate 就继承了 Date 类的相关属性和方法,从而能够对日期和时间进行操作。

第二句 nowyear＝nowdate.getFullYear()。nowdate 通过 getFullYear()方法获取到当前 4 位数的年份,并赋值给变量 nowyear。此处不能用 getYear()方法来获取年份,因为 getYear()获取的是从 1900 年开始的年份。

第三句 nowmonth＝nowdate. getMonth()＋1。getMonth()方法获取当前月份,0 表示 1 月,1 表示 2 月……以此类推,所以需要在获取的月份数字上加 1。

第四句 nowmonth＝nowdate. getDate()。getDate()方法用于获取当前日期。

第五句 switch(nowdate. getDay()){…}。getDay()方法用于获取当前星期的数字,1 代表星期一,2 代表星期二,……,7 代表星期日,由于全部都是数字,所以用 switch 语句进行转换,改成汉字的星期显示。

第六、第七、第八、第九句分别获取当前的小时、分钟、秒和毫秒。

第十句 hour_mc. _rotation＝nowhour * 360/12＋nowminute * 360/12/60 用于转动时针。时针每 12 小时转一圈,即 360°,则每小时转动的度数为(360/12)°,当前小时转动的角度则为 nowhour * 360/12;但是分针转动的时候,时针也会转动,所以还需要加上分针转动不足一小时所引起的时针转动角度,由于分针转一圈 360°,时针只转一大格 30°,所以每分钟时针只转(360/12/60)°;同样,秒针的转动也会引起时针转动,但是由于影响太小,所以忽略不计。hour_mc 是"时针"影片剪辑的实例名,_rotation 属性表示其转动的角度。

第十一、第十二句则是设置当前分针和秒针的转动角度。

(9) 把所有图层扩充至第二帧,存盘测试,一个能显示年月日、星期及时间的钟表就做好了。时钟运行如图 11-20 所示。

图 11-20　动态时钟运行截图

11.3.3　实例 11-5——下雨效果

在第 4 章的实例 4-2 中,我们使用补间形状动画完成了几点雨滴的效果。但是如果要有一直不停下雨的效果,以原来的方法做起来就很困难。如果把一个雨滴的效果做成影片剪辑,然后通过 ActionScript 代码来不断复制这个影片剪辑,就能达到这个目标。

(1) 新建一个影片文档,舞台尺寸设置为 400×290 像素,背景色设置为黑色,帧频 12 帧/秒。

(2) 选中第一帧,执行"文件"|"导入"|"导入到舞台"命令,将"素材.jpg"图片导入到舞台中,调整图片位置 X、Y 坐标均为 0,更改图层名字为"背景层",并单击按钮 🔒 将背景层锁定。

(3) 新建一个影片剪辑名为"一滴雨",选择刷子工具 🖌,选择合适的刷子大小 ● 和刷子形状 ▮,设置填充颜色为白色 🪣 □,在舞台上方单击一下,绘出一个雨滴。在第 10

帧按 F6 键,插入一个关键帧,移动第 10 帧雨滴到舞台下方合适位置,在第 1 帧和第 10 帧之间创建形状补间动画,删除第 10 帧后的所有帧。

(4)单击"新建图层"按钮 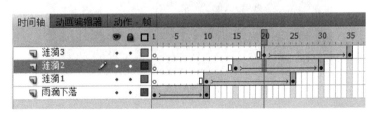,建一个新的图层,命名为"涟漪 1"。在第 10 帧插入关键帧,选择椭圆工具 ,设置笔触颜色为白色 ,笔触高度为 1,无填充颜色 ,以雨滴下部端点为中心绘制一个小椭圆(按住 Ctrl 键不松手,然后按下鼠标左键并拖动,就可以绘制出以按下鼠标位置为中心的椭圆)。

(5)在第 25 帧插入关键帧,选择任意变形工具 ,按下 Shift 和 Ctrl 键,拖动小椭圆四角的调节手柄,以椭圆圆心为中心等比例放大,然后设置笔触颜色的 Alpha 属性设置为 0。创建第 10 帧到第 25 帧之间的补间形状动画,删除第 25 帧后的所有帧,并单击 按钮将"涟漪 1"层锁定。

(6)再次单击"新建图层"按钮,建两个新的图层,分别命名为"涟漪 2"、"涟漪 3"。选择"涟漪 1"图层的第 10 到第 25 帧,单击鼠标右键,选择"复制帧",然后在"涟漪 2"图层的第 15 帧处单击鼠标右键,选择"粘贴帧";在"涟漪 3"图层的第 20 帧处单击鼠标右键,选择"粘贴帧"。把"涟漪 2"图层第 30 帧以后的全部帧删除,把"涟漪 3"图层第 35 帧以后的全部帧删除。这样就完成了一个雨滴落在水面上激起涟漪的影片剪辑。影片剪辑"一滴雨"时间轴表现如图 11-21 所示。

图 11-21　影片剪辑"一滴雨"

(7)回到场景 1,新建一个名为"雨滴"的图层,把刚建立的"一滴雨"影片剪辑拖入舞台,其实例名为 rain_mc。

(8)新建 AS 图层,在第一帧添加如下脚本代码。

```
i = 1;
functin raining()
{
    duplicateMovieClip("rain_mc", i, i);
    setProperty(i, _x, random(400));
    setProperty(i, _y, random(290));
    i++;
    if (i > 20)
    {
        clearInterval(round);
    }
}
round = setInterval(raining, 500);
```

第一句定义变量 i 并赋值为 1;

第二句自定义函数 raining,其后大括号之内的都是函数体。在函数体中,

duplicateMovie("rain_mc", i, i)复制舞台上的影片剪辑"rain_mc",名字为 1,深度 1(此时 $i=1$);setProperty(i, _x, random(400))和 setProperty(i, _y, random(290))两句用来设置新复制生成的影片剪辑"1"的 X 坐标和 Y 坐标,其中 X 坐标为 0 到 400 之间的随机数,Y 坐标为 0 到 290 之间的随机数;$i++$ 表示变量 i 加 1,再次复制影片剪辑时,名字就为 2,深度也为 2,以此类推。if 语句中,当 i 大于 20,即复制了 20 次影片剪辑后,就执行 clearInterval(round)来清除第三句重复执行的函数,也就是把所有复制的影片剪辑清空,释放内存。

第三句 round = setInterval(raining, 500)表示,每 500ms 执行一次 raining 函数。

(9) 保存文件后测试,就可以看见很多雨滴不停落下的效果了。下雨的效果截图如图 11-22 所示。

图 11-22　下雨的效果截图

11.3.4　实例 11-6 ——RGB 颜色混合演示

RGB 色彩模式是最常用的一种色彩模式,图像中每一个像素的 RGB 分量均有一个在 0～255 范围内的强度值,例如,纯红色 R 值为 255,G 值为 0,B 值为 0,纯绿色 R 值为 0,G 值为 255,B 值为 0;灰色的 R、G、B 三个值相等;白色的 R、G、B 都为 255;黑色的 R、G、B 都为 0。RGB 色彩模式一共可以表示 256×256×256= 16 777 216 种颜色,这些颜色都是由不同数量的红色、绿色和蓝色混合而成的,它们之间的混合原理常用 RGB 色彩模式图来说明,如图 11-23 所示。

但是,这种静态图片对 RGB 混合原理的演示并不直观,初学者可能会质疑其混合颜色是人为设置好的,如果用 Flash 制作 RGB 颜色混合的动态演示效果,则更加直观并更具说服力。下面就完成这个简单的实例。

(1) 新建一个影片文档,背景色设置为黑色,其他默认。

(2) 使用椭圆工具绘制一个纯红色的圆(R255,G0,B0),并转换为影片剪辑,取名为"红";用同样方法创建影片剪辑"绿"和"蓝",其中影片剪辑"绿"中为纯绿色的圆(R0,G255,B0),片剪辑"蓝"中为纯蓝色的圆(R0,G0,B255);把三个影片剪辑放置在场景 1 的第一帧中,调整位置使其互相不重叠。

(3) 选中影片剪辑"红",在属性面板中设置"混合"为"滤色";同样,设置"绿"、"蓝"影片剪辑的"混合"为"滤色",如图 11-24 所示。

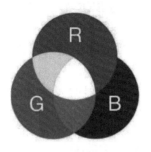

图 11-23 RGB 色彩模式   图 11-24 混合模式设置

（4）分别选中三个影片剪辑，按 F9 键显示动作调板，在影片剪辑上书写以下代码。

```
on (press) {
    startDrag(this);
}
on (release) {
    stopDrag();
}
```

第一条语句的含义是：当用鼠标在影片剪辑上按下左键不松开的时候，就可以拖动这个影片剪辑到任意地方。

第二条语句的含义是：当用鼠标左键松开的时候，就不再拖动影片剪辑，而是停止在当前位置。

（5）三个影片剪辑的代码都写完以后，添加提示文字，存盘测试，用鼠标拖动三个圆使其交叉重叠，就可以看到 RGB 色彩的混合效果了，运行效果如图 11-25 所示。

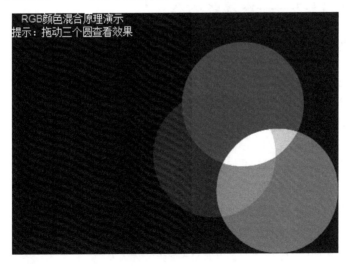

图 11-25 动态 RGB 色彩模式演示

平时制作的 Flash 动画，有时候需要全屏播放，就需要 fscommand 语句对动画进行控制。

格式为：fscommand(命令，参数)

quit。实现影片的关闭，(仅对 SWF 文件以及 Flash 生成的 EXE 文件有效)。

exec。打开外部程序，可以使用绝对路径或是相对路径。

fullscreen。参数为 true/false，实现全屏技术，(在全屏时按 Esc 键显示窗口)默认为 false。

allowscale。参数为 true/false，设置影片内容是否随着播放器的大小而改变，默认为 true。

showmenu。参数为 true/false，设置影片的快捷菜单是否显示，默认为 true。

trapallkeys。参数为 true/false，设置是否锁定键盘输入，(无法禁止 Ctrl＋Alt＋Delete 组合键)默认为 true。

在本例中，可以再做三个按钮元件，分别是"窗口"、"全屏"、"退出"，把三个元件拖到舞台上后，分别选中按钮实例，在其上添加如下代码。

```
on (release) { //"窗口"按钮实例代码
    fscommand("fullscreen","false");
}
on(release) { //"全屏"按钮实例代码
    fscommand("fullscreen","true");
}
on (release) { //"退出"按钮实例代码
    fscommand("quit");
}
```

保存文件测试时，这三个按钮都不起作用，关闭测试 SWF 文件，重新播放测试时生成的 SWF 文件，三个按钮就能实现各自的功能。

11.3.5　实例 11-7——涂鸦板制作

在此之前，如果要在 Flash 中绘制图形，都是使用 Flash 工具栏中的各种工具进行绘制的，其实，利用 ActionScript 脚本也可以绘制图形，常用以下的语句进行绘图。

lineStyle()方法。使用该方法可以确定线条的类型。

用法：MC. lineStyle(粗细，颜色，透明度)

moveTo()方法。该方法可将画笔移到起画点上。

用法：MC. moveTo(X,Y)

lineTo()方法。该方法将从起画点到终点画一条直线，并将起画点移到终点。

用法：MC. lineTo(X,Y)

beginFill()方法。该方法容易理解，开始填充。

用法：MC. beginFill(颜色，透明度)

endFill()方法。用 beginFill()中的颜色填充图形。

curveTo()方法。该方法画一条由起画点经控制点到终点的一条曲线。

用法：MC. curveTo(控制点 X，控制点 Y，终点 X，终点 Y)；

beginGradientFill()方法。该方法可实现渐变填充。

除了绘制图形，有时候还需要改变舞台上影片剪辑的颜色，ActionScript 2.0 使用

ColorTransform 类来为 MC 设置颜色,同时也需要 Transform 类,在使用之前,首先应导入 import flash. geom. ColorTransform; 和 import flash. geom. Transform;这两个类。

和其他类一样,导入后要创建一个实例才能使用。

var 一个实例名称:ColorTransform = new ColorTransform();

var 一个实例名称:Transform = new Transform(要应用颜色的影片剪辑);

然后为 ColorTransform 实例设置颜色值。

ColorTransform 实例. rgb=颜色值;

最后将 Transform 实例的 ColorTransform 属性设为 ColorTransform 实例,

Transform 实例. ColorTransform = ColorTransform 实例;

这样就可以改变影片剪辑的颜色了。

现在通过一个简易涂鸦板的制作实例,来进一步加深对以上知识的学习、理解和应用。

(1)新建一个 Flash 文档,背景色设置为灰色(0x999999),舞台大小为 800×600 像素,帧频 24 帧/秒。

(2)使用矩形工具,无笔触,填充黑色,绘制 20×20 像素的正方形,右键单击,选择"转化为元件",转化成名为"黑"的影片剪辑;在库面板中,右键单击影片剪辑"黑",选择"直接复制",生成名为"白"的影片剪辑,双击影片剪辑"白",把其正方形颜色设置为白色;同样生成影片剪辑"红"、"绿"、"蓝"、"黄"、"青"、"品",并分别更改其颜色。此处创建的影片剪辑用于快捷改变涂鸦板画笔的颜色。

(3)使用椭圆工具,无笔触,填充黑色,绘制 30×30 像素的圆形,右键单击,选择"转化为元件",转化成名为"大小 30"的影片剪辑;在"库"面板中,右键单击影片剪辑"大小 30",选择"直接复制",生成名为"大小 20"的影片剪辑,双击影片剪辑"大小 20",把其圆形尺寸设置为 20×20;同样生成影片剪辑"大小 15"、"大小 10"、"大小 5",并分别更改其尺寸。此处创建的影片剪辑用于快捷改变涂鸦板画笔的大小。

(4)使用矩形工具,无笔触,填充白色,绘制 20×20 像素的正方形,右键单击,选择"转化为元件",转化成名为"透明度 100"的影片剪辑;在"库"面板中,右键单击影片剪辑"透明度 100",选择"直接复制",生成名为"透明度 80"的影片剪辑,将影片剪辑"透明度 80"拖入舞台中,在属性面板的"色彩效果"中,设置 Alpha 值为 80%;同样生成影片剪辑"透明度 50"、"透明度 20",并分别拖入舞台,更改其 Alpha 值。此处创建的影片剪辑用于快捷改变涂鸦板画笔的透明度。

(5)在库面板中右键单击影片剪辑"大小 10",选择"直接复制",生成名为"画笔"的影片剪辑,该影片剪辑用于显示当前画笔的颜色、大小和透明度;再次新建一个新的矩形影片剪辑"确定",该影片剪辑用于设置画笔的各种参数。库中全部影片剪辑如图 11-26 所示。

(6)回到场景 1,在舞台上创建 5 个输入文本框,分别取名为 red、green、blue、size、pen_alpha,分别用于设置画笔颜色的红绿蓝分量、画笔大小和透明度。然后把库中所有的影片剪辑拖到舞台上,调整其位置,并创建静态文本进行说明。舞台上各个元件的分布如图 11-27 所示。

从上到下第一排,从黑色方块开始,从左到右,各方块影片剪辑的实例名为 black_mc、white_mc、red_mc、yelloew_mc、blue_mc、green_mc、cyan_mc、magenta_mc;右边三个输入

图 11-26　库中所有影片剪辑

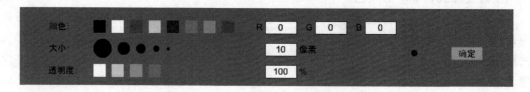

图 11-27　舞台上各元件的分布

文本框实例名为 red、green、blue。

第二排,从黑色大圆开始,从左到右,各圆影片剪辑的实例名为 size30_mc、size20_mc、size15_mc、size10_mc、size5_mc,中间输入文本框实例名为 size,右边的黑色圆的实例名为 sample_mc,确定影片剪辑的实例名为 ok_mc。

第三排,从白色方块开始,从左到右,各方块影片剪辑的实例名为 alpha100_mc、alpha80_mc、alpha50_mc、alpha20_mc,右边输入文本框实例名为 pen_alpha。

(7) 在图层 1 上用矩形工具,设置笔触颜色为黑,大小为 1,填充无,绘制一个 760×45 像素的矩形框,用于显示绘图区域。

(8) 新建 AS 图层,所有代码全部写在第一帧上,由于代码较长,此处只解释最关键部分,代码主要分三大部分,全部代码见 FLA 源文件。

第一部分主要是涂鸦板的初始化代码。

```
//导入两个类,用于设置影片剪辑颜色
import flash.geom.ColorTransform;
import flash.geom.Transform;
//分别创建两个类的实例
```

```
var colorTrans:ColorTransform = new ColorTransform();
var trans:Transform = new Transform(sample_mc);
//定义逻辑变量 isdraw,用于确定是否画图
var isdraw:Boolean = true;
//初始化画笔颜色为黑色,大小 10 像素,透明度 100％
red.text = 0;
green.text = 0;
blue.text = 0;
size.text = 10;
pen_alpha.text = 100;
//颜色分量转化为十六进制颜色值
color = "0x" + aa.toString(16) + bb.toString(16) + cc.toString(16);
//改变画笔"sample_mc"的颜色
colorTrans.rgb = color;
trans.colorTransform = colorTrans;
```

第二部分主要是线条绘制的代码。

```
//按下鼠标,开始确定绘图点
onMouseDown = function ()
{ //如果鼠标在规定的区域内,则可以绘制线条
   if ((_xmouse > 20) && (_xmouse < 780) && (_ymouse > 130) && (_ymouse < 580))
   {
       isdraw = true;
   }
   lineStyle(size.text,color,pen_alpha.text);      //设置线条的颜色、大小及透明度
   moveTo(_xmouse,_ymouse);
};


//移动鼠标,开始绘图
onMouseMove = function ()
{ //如果鼠标在规定的区域之外,则不能绘制
   if ((_xmouse < 20) || (_xmouse > 780) || (_ymouse < 130) || (_ymouse > 580))
   {
       isdraw = false;
   }
   if (isdraw)
   {
       lineTo(_xmouse,_ymouse);                    //绘制线条
   }
};
//松开鼠标,绘图结束
onMouseUp = function ()
{
       isdraw = false;
};
```

第三部分主要是画笔颜色、大小及透明度设置的代码。

```
//单击确定按钮,设置画笔参数
ok_mc.onRelease = function()
{
```

```
    aa = Number(red.text);                    //读取红色分量的输入值
    if (aa < 0)                               //输入颜色分量小于 0,则设置为 0
    {
        aa = 00;
        red.text = aa;
    }
    else if (aa > 255)                        //输入颜色分量大于 255,则设置为 255
    {
        aa = 255;
        red.text = aa;
    }
    if (length(aa) == 1)                      //输入颜色分量只有 1 位,则补足为 2 位
    {
        aa = "0" + aa;
    }
    bb = Number(green.text);                  //读取绿色分量的输入值
    if (bb < 0)                               //输入颜色分量小于 0,则设置为 0
    {
        bb = 00;
        green.text = bb;
    }
    else if (bb > 255)                        //输入颜色分量大于 255,则设置为 255
    {
        bb = 255;
        green.text = bb;
    }
    if (length(bb) == 1)                      //输入颜色分量只有 1 位,则补足为 2 位
    {
        bb = "0" + bb;
    }
    cc = Number(blue.text);                   //读取蓝色分量的输入值
    if (cc < 0)                               //输入颜色分量小于 0,则设置为 0
    {
        cc = 00;
        blue.text = cc;
    }
    else if (cc > 255)                        //输入颜色分量大于 255,则设置为 255
    {
        cc = 255;
        red.text = cc;
    }
    if (length(cc) == 1)                      //输入颜色分量只有 1 位,则补足为 2 位
    {
        cc = "0" + cc;
    }

    //设置画笔大小
    if (size.text < 1)                        //画笔小于 1,设置为 1
    {
        size.text = 1;
    }
```

```
        else if (size.text > 100)                    //画笔大于100,设置为100
        {
            size.text = 100;
        }
        scale = Number(size.text) * 10;
        sample_mc._xscale = scale;
        sample_mc._yscale = scale;

        //设置画笔透明度
        if (pen_alpha.text < 0)                       //透明度小于0,设置为0
        {
            pen_alpha.text = 0;
        }
        else if (pen_alpha.text > 100)                //透明度大于100,设置为100
        {
            pen_alpha.text = 100;
        }
        sample_mc._alpha = Number(pen_alpha.text);
};

//单击黑色方块,快捷设置画笔颜色为黑色,其余颜色代码类似
black_mc.onRelease = function()
{
    color = 0x000000;
    red.text = 0;
    green.text = 0;
    blue.text = 0;
    colorTrans.rgb = color;
    trans.colorTransform = colorTrans;
    sample_mc._alpha = Number(pen_alpha.text);
};
//单击黑色圆,快捷设置画笔大小为30,其余画笔大小类似
size30_mc.onRelease = function()
{
    scale = 300;
    size.text = scale / 10;
    sample_mc._xscale = scale;
    sample_mc._yscale = scale;
};
//单击白色方块,快捷设置画笔透明度100%,其余透明度类似
alpha100_mc.onRelease = function()
{
    my_alpha = 100;
    pen_alpha.text = my_alpha;
    sample_mc._alpha = my_alpha;
};
```

（9）存盘测试，则可以通过简易的涂鸦板进行绘画了。涂鸦板截图如图11-28所示。

图 11-28   涂鸦板截图效果

11.3.6   实例 11-8——悟空变身

大家都知道孙悟空神通广大,有七十二变,还会拔下一根汗毛,吹出一个一模一样的自己来。其实,这样的变身效果用 Flash 的 AS 脚本实现起来也非常简单,下面这个实例就是通过 duplicateMovieClip 复制影片剪辑的方式来实现孙悟空变身的。

(1) 新建一个 Flash AS 2.0 文档,舞台大小 550×400 像素,颜色为天蓝色(0x00CCFF),帧频 24 帧/秒。

(2) 把"素材.png"导入到库中,新建一个影片剪辑元件,名为"悟空",把"素材.png"拖入元件中,并设置其坐标为(0,0)。

(3) 再次新建影片剪辑元件"变身",把影片剪辑"悟空"拖入其中,设置其坐标为(0,0);分别在第 2 帧和第 40 帧处插入关键帧,创建从第 2 帧到第 40 帧的传统补间;在第二帧处选中"悟空"元件的实例,调整其尺寸,使其在第二帧处较小。

(4) 新建 AS 图层,在第一帧添加 stop()语句,则影片剪辑"变身"的效果表现为:在第 1 帧处停止,显示完整的悟空,第 2 帧到第 40 帧是悟空从小变大的传统补间动画。影片剪辑"变身"的时间轴表现如图 11-29 所示。

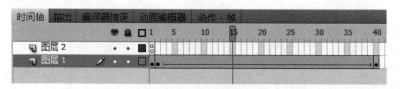

图 11-29   影片剪辑的时间轴表现

（5）回到场景 1，把影片剪辑"变身"拖到舞台右边合适的位置，其实例名为"wukong_mc"。选中该影片剪辑实例，按 F9 键在影片剪辑上写代码。

```
on (press)                                        //按下鼠标,则复制一个影片剪辑
{
    startDrag(this);                              //开始拖动影片剪辑,this 表示目前
的影片剪辑自身
    var mc_depth = this._parent.getNextHighestDepth();  //获取当前最大深度
    var mc_name = "monkey" + mc_depth;            //新复制的影片剪辑名
    var prevname = "monkey" + (mc_depth-1);       //前一个影片剪辑名
    if (this._parent[prevname] == undefined)
    {//如果之前没有复制,则把当前名字作为前影片剪辑名
        this._parent[prevname] = this;
    }
    this.duplicateMovieClip(mc_name,mc_depth); //复制影片剪辑
    //设置新影片剪辑的坐标
    this._parent[mc_name]._x = this._parent[prevname]._x;
    this._parent[mc_name]._y = this._parent[prevname]._y;
}
on (release, releaseOutside)
{
    stopDrag();                                   //松开鼠标,停止拖动
}
on (dragOut)
{
    this.gotoAndPlay(2);                          //拖出后,悟空从小变大
}
```

（6）存盘测试，用鼠标拖动孙悟空，则可以由小到大变出一个完全一样的孙悟空，由此实现变身的效果。在变出很多孙悟空之后，如何辨别其"真身"呢？变出的孙悟空没有再次变身的功能，只有"真身"才有这个本事哦！动画运行效果截图如图 11-30 所示。

图 11-30 运行效果截图

11.3.7　实例 11-9——手电筒效果

在学习遮罩动画的时候,大家都知道了被遮罩层显示的内容和遮罩层的形状息息相关,而和遮罩层的颜色、Alpha 值无关。但是,ActionScript 2.0 代码中,可以利用缓存位图(cacheAsBitmap)来设置透明遮罩,从而改变遮罩效果。

影片剪辑的 cacheAsBitmap 属性是一个布尔值,如果 cacheAsBitmap 属性为 true,则 Flash Player 将缓存影片剪辑的内部位图表示,这可以提高包含复杂矢量内容的影片剪辑的性能。一般来说,影片剪辑使用滤镜后,cacheAsBitmap 的属性必须是 true,透明蒙版也要求 cacheAsBitmap 的属性为 true。当然,cacheAsBitmap 在提高动画动画性能的同时,也会占用更多的内存空间,所以,并不推荐随时大量使用缓存位图。

下面通过手电筒的实例来说明如何使用 cacheAsBitmap 来控制透明遮罩。

(1) 新建一个 Flash AS 2.0 文档,舞台大小为 600×450 像素,颜色为黑色,帧频默认。

(2) 导入"素材.jpg"到舞台上,右键单击素材图片,选择"转化为元件",把素材图片转换为影片剪辑,取名为"背景图片",其实例名为"pic_mc"。

(3) 新建一个影片剪辑元件,取名为"光斑",选择椭圆工具,无笔触,填充色为径向渐变,调整径向渐变,使其形成光环的效果(背景色为黑色,并不适合观察光斑的渐变效果,可以暂时先把背景色调整为白色,待光斑的渐变效果做好后,再重新把背景色改为黑色)。径向渐变的光斑效果如图 11-31 所示。

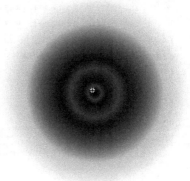

图 11-31　径向渐变的光斑效果

(4) 回到场景 1,新建一个图层,把影片剪辑"光斑"拖入舞台,其实例名为"light_mc"。

(5) 新建 AS 图层,在第一帧书写代码。

```
pic_mc.setMask(light_mc);              //设置 light_mc 为 pic_mc 的遮罩
pic_mc.cacheAsBitmap = true;           //设置图像影片剪辑缓存位图为 true
light_mc.cacheAsBitmap = true;         //设置光斑影片剪辑缓存位图为 true
light_mc.startDrag(true);              //可以拖动光斑
Mouse.hide();                          //隐藏鼠标
var mouseListener = new Object();      //实例化鼠标监听对象
Mouse.addListener(mouseListener);      //添加鼠标监听事件
mouseListener.onMouseWheel = function(delta)
{                                      //监听鼠标滚动,delta 是每次鼠标滚轮滚动的数字
    light_mc._xscale = light_mc._xscale + delta * 2;    //缩放光斑大小
    light_mc._yscale = light_mc._yscale + delta * 2;
    if (light_mc._xscale <= 50)
    {                                  //最小缩小到 50%
        light_mc._xscale = 50;
        light_mc._yscale = 50;
    }
    if (light_mc._xscale >= 200)
    {                                  //最大放大 2 倍
        light_mc._xscale = 200;
```

```
            light_mc._yscale = 200;
    }
    light_mc._alpha = (200 - light_mc._xscale) / 2 + 30;      //改变遮罩的透明度
};
```

（6）存盘测试，画面中被光斑遮住的部分可以看见，移动鼠标，电筒光斑随之移动，滚动鼠标滚轮键，电筒光斑可以缩放，缩小时，图像变亮，放大时，图像变暗，逼真地模拟了生活中手电筒照射的效果。运行时的效果截图如图 11-32 所示。

图 11-32　运行效果截图

11.3.8　实例 11-10——网页菜单制作

网页制作是 Flash 应用的主要内容之一，绝大部分网站，或多或少都会包含 Flash 的相关内容，比如 banner 条、广告、菜单、FLV 视频等，而且有相当多的网站采用全 Flash 制作，表现出丰富多彩的视觉效果。即使最常见的网站导航菜单，也可以用 Flash 做出绚丽的效果。在 Flash 中访问网页，主要是通过 getURL()语句来实现的。下面通过一个网页菜单实例，来初步介绍 Flash 在网页中的交互式应用。

（1）新建一个 Flash AS 2.0 文档，舞台大小为 600×350 像素，背景颜色为白色，帧频 12 帧/秒。

（2）导入"背景.jpg"文件到舞台上，更改图层 1 名为"背景图层"，调整图片位置使其刚好覆盖整个舞台，然后锁定图层。

（3）新建图层"竖线"，使用线条工具 ，设置笔触颜色为红色，大小为 3，样式为"虚线"，线条工具设置如图 11-33 所示。绘制竖直方向的虚线，高度为 350；复制粘贴竖直虚线共 5 条，分别把线条的 X、Y 坐标设为(100,0)、(200,0)、(300,0)、(400,0)、(500,0)，使 5 条竖线均分整个舞台为 6 部分,锁定"竖线"图层。舞台均分效果如图 11-34 所示。

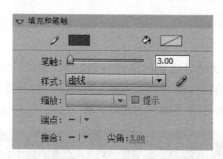

图 11-33　线条工具设置

图 11-34　舞台均分效果

（4）新建一个名为"所有图片"的影片剪辑,把素材中的 1.jpg～6.jpg 导入到舞台,使其分别成为影片剪辑的第一帧至第六帧,且图片坐标均为(0,0)。

（5）再次新建一个名为"图片显示"的影片剪辑,把影片剪辑"所有图片"拖入舞台,设置其实例名为 pic_mc,坐标为(－300,0),在第 30 帧处插入关键帧,pic_mc 的坐标改为(－150,0),并在第 30 帧处添加一个 stop()语句,创建从第一帧至第 30 帧之间的传统补间;在第 15 帧处插入关键帧,再选中第一帧处的 pic_mc,设置其 Alpha 值为 0。新建一个图层,用矩形工具绘制一个宽 100,高 300 的无框矩形,颜色任意,坐标为(0,0),设置该图层为遮罩层。影片剪辑"显示图片"的时间轴表现如图 11-35 所示。

图 11-35　影片剪辑"显示图片"的时间轴表现

（6）再次新建一个名为 btn_mc_1 的影片剪辑，用于按钮1上的动画显示。把刚创建的影片剪辑"显示图片"拖到舞台上，设置其坐标为(0,0)，由于影片剪辑"显示图片"第一帧上的元件 Alpha 为0，所以本影片剪辑实际上看不见任何内容。单击舞台上的"显示图片"影片剪辑的实例，出现蓝色的方框，按 F9 键在影片剪辑上添加代码如下。

```
onClipEvent (load) {
    pic_mc.gotoAndStop(1);
}
```

onClipEvent (load)事件表示本影片剪辑被加载的时候，运行大括号之内的代码 pic_mc.gotoAndStop(1)，也就是让影片剪辑"所有图片"停止在第一帧，即只显示第一张图片。

（7）在库中"直接复制"影片剪辑 btn_mc_1，并改名为 btn_mc_2，双击影片剪辑btn_mc_2，使其处于编辑状态，同样选中舞台上的影片剪辑实例，修改其代码如下。

```
onClipEvent (load) {
    pic_mc.gotoAndStop(2);
}
```

本语句让影片剪辑"所有图片"停止在第二帧，即只显示第二张图片。此影片剪辑用于按钮2上的动画显示。同样直接复制生成并修改 btn_mc_3、btn_mc_4、btn_mc_5、btn_mc_6，使 pic_mc 分别停止在第三、第四、第五、第六帧，使其显示不同的图片。

（8）新建名为 btn_1 的按钮元件，在"弹起"帧上绘制一个宽100，高50的无框矩形，颜色为深红色，坐标为(0,-50)，右键单击使其转化为图形元件 btn_back；在"点击"帧处插入一个空白关键帧，重新绘制一个宽100，高350的无框矩形作为按钮的感应区域，坐标为(0,-350)。新建一个图层，在"指针"帧处插入关键帧，把影片剪辑 btn_mc_1 拖到舞台上，设置其坐标为(0,-350)，使其刚好在图形元件 btn_back 的上方。再次新建图层，书写菜单文字为静态文本，如果要保证本菜单在任意电脑上都有同样的文字效果，请按 Ctrl+B 键两次把文字打散为形状。按钮元件的时间轴表现如图 11-36 所示，按钮的显示效果如图 11-37 所示。

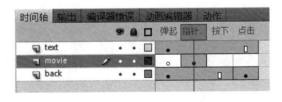

图 11-36　按钮元件的时间轴表现

（9）在库中"直接复制"按钮元件 btn_1，并改名为 btn_2，双击按钮元件 btn_2，使其处于编辑状态，选中影片剪辑实例 btn_mc_1，在库面板中单击"交换"按钮，在弹出的对话框中选择 btn_mc_2，然后单击"确定"按钮，则把按钮 btn_2 中的影片剪辑换为 btn_mc_2。然后改变菜单的文字为新的内容。同样直接复制生成并修改 btn_3、btn_4、btn_5、btn_6，使其鼠标滑过按钮时的影片剪辑分别是 btn_mc_3、btn_mc_4、btn_mc_5、btn_mc_6，并相应地修改菜单文字。

（10）回到场景1，新建"按钮"图层，把按钮 btn_1 至 btn_6 全部拖入舞台，并使其排列在舞

图 11-37　按钮的显示效果

台下部,其坐标分别为(0,350)、(100,350)、(200,350)、(300,350)、(400,350)、(500,350)。

(11) 选中第一个按钮 btn_1,按 F9 键调出动作面板,在按钮上添加如下代码。

```
on (release) {
    getURL("http://www.google.com.hk", "_blank");
}
```

当鼠标按下并释放按钮时,跳转到 http://www.google.com.hk 网址,并以新窗口打开。用同样的方法设置其他 5 个按钮的跳转链接。

(12) 存盘测试,正常状态如图 11-38 所示,显示背景图片及菜单项。当鼠标滑过菜单时,相应的菜单图片逐渐显现并移动,最后停止在人物画面处,如图 11-39 所示,此时单击菜单,则在新的浏览器窗口中打开相应网址。

图 11-38　无鼠标滑过时的菜单

图 11-39　鼠标滑过时的菜单

11.3.9　实例 11-11——拼图游戏

休闲游戏是人机交互的具体体现,也是 Flash 的重要应用之一,有了 ActionScript 的参与,Flash 休闲游戏的设计变得更加容易。例如拼图游戏,就是利用了 Flash 中的拖动和碰撞检测来实现的。

startDrag() 可以实现拖动效果,而 stopDrag() 则停止拖动。所以一般将 startDrag() 放到影片剪辑的 onPress 事件(按下鼠标键时)中,而将 stopDrag() 放到 onRelease 事件(放开鼠标时)中。

当拖动一个对象时,如果想知道它是否被拖到了另一个对象之上,影片剪辑的_droptarget 属性将返回被自己重叠在下面的 MC 名称。

hitTest() 方法将检测 MC 是否与某点或与另一 MC 发生相交(碰撞)。如果发生相交则返回 true,否则返回 false。

影片剪辑与某点相交。MC. hitTest(X,Y,true 或 false)

这将检测 MC 是否与括号中的 X,Y 所确定的点(X,Y)相交。后面的布尔值如果为 true,那么将检测 MC 的实际图形范围,如果为 false 则检测 MC 的外框是否与(X,Y)相交。

影片剪辑与影片剪辑相交。MC. hitTest(另一 MC)。

根据碰撞检测的方法的差异,可以把拼图游戏设计成不同的难度。最简单的碰撞检测只检测两个影片剪辑的外框是否相交,这种检测比较粗略,只要拖到大概位置即可,没有碰撞时释放鼠标,则被拖动的影片剪辑回到原位,同时对玩家提供原图作参考;稍微难一点的是检查影片剪辑和某个点是否相交,要求拖动的精度要高一些,同时,参考的原图画面比较暗,不容易看清,难度加大;最难的是自由拖动,位置不正确也不退回,同时不提供任何图像作参考。下面就来实现相应的功能。

(1) 新建一个 Flash AS 2.0 文档,舞台大小为 650×450 像素,背景黑色,帧频 24 帧/秒。

（2）把"背景.jpg"文件导入到舞台，选中图片，按 F8 键转化为影片剪辑元件，名为"背景"，在"属性"调板中设置"背景"实例、"色彩效果"，"样式"中选择"色调"为 80％黑色，把背景图片变暗，把图层名改为"背景"并锁定。

（3）新建"边框"图层，绘制两个黑色正方形，尺寸分别为 300×300 像素和 250×250 像素，调整 300×300 像素正方形的坐标为(20,20)，250×250 像素正方形的坐标为(380,40)，然后在两个正方形外绘制边框，如图 11-40 所示。

图 11-40　绘制拼图框

（4）新建名为"提示图片"的图层，把"素材.jpg"导入舞台，调整其坐标为(20,20)，按 F8 键转化成影片剪辑"原始拼图"，修改其实例名为 back_mc，隐藏该图层。

（5）再次新建名为"对齐图片"的图层，把"素材.jpg"从库中拖到舞台上，设置其坐标为(0,0)，按 Ctrl＋B 键把图片打散分离，使用线条工具在 X 轴方向 100 像素、200 像素处画竖直线条，使其水平方向三等分图像；然后在 Y 轴方向 100 像素、200 像素处画水平线条，使其竖直方向三等分图像。用鼠标选中左上角第一块图像，按 F8 键转化成影片剪辑，取名为"图 1"，其实例名为 pic_mc1，然后依次从左到右，从上到下把每一块图像转化成影片剪辑，取名为"图 2"、"图 3"、…、"图 9"，其实例名分别为 pic_mc2、pic_mc3、…、pic_mc9。完成 9 块图像转化成影片剪辑后，删除分割图像用的线条，然后选中所有影片剪辑，设置其坐标为(20,20)，Alpha 值为 0，则把所有的用于检测的影片剪辑小块放进边框中，并使其不可见。

（6）新建名为"图块"的图层，在库中把影片剪辑"图 1"至"图 9"全部拖入舞台，放置在舞台右边第二个小框中，分别修改其实例名为 move_mc1、move_mc2、…、move_mc9。

（7）新建"按钮"图层，把小鸟 1.png、小鸟 2.png、小鸟 3.png、小鸟 4.png 导入到库中。使用小鸟 1.png 制作"重玩"按钮，实例名为 replay_btn，小鸟 2.png、小鸟 3.png、小鸟 4.png 分别制作影片剪辑"简单"、"中等"、"困难",实例名分别为 level1、level2、level3。

在 replay_btn 上添加按钮代码如下。

```
on (release) {                        //重玩按钮代码
    for (j = 1; j < 10; j++)          //随机乱排所有的图块
    {
        dong_mc = eval("move_mc" + j);
        dong_mc._x = 400 + random(150);
        dong_mc._y = 40 + random(150);
    }
    _root.gameover._visible = false;   //隐藏"你真厉害!"
    right = 0; //重置正确图块数量为0
}
```

在 level1 上添加代码如下。

```
on (release) {
    _root.level = 1;                  //难度等级为1
    _root.back_mc._alpha = 50;        //提示图案的透明度为50%
    this._alpha = 100;                //按钮变亮
    _parent.level2._alpha = 50;       //其余两个难度等级按钮变暗
    _parent.level3._alpha = 50;
}
```

level2 和 level3 上的代码与 level1 的类似。

(8) 在"边框"图层上新建一个"结束提示"图层,书写提示文字"你真厉害!",转化为影片剪辑"结束",其实例名为 gameover。

(9) 新建 AS 图层,在第一帧上添加如下代码。

```
var level = 1;                        //难度等级,初始值为1,简单
var num = 9;                          //拼图块数
var right = 0;                        //拼对的块数
gameover._visible = false;            //游戏结束的提示,开始设置为不可见
back_mc._alpha = 50;                  //拼图提示画面,初始透明度为50%

for (i = 1; i < 10; i++)              //循环检测所有图块
{
    dong_mc = this["move_mc" + i];
    jing_mc = this["pic_mc" + i];
    movepic(dong_mc,jing_mc);         //调用函数 movepic 进行碰撞检测
}

for (j = 1; j < 10; j++)              //随机乱排所有的图块
{
    dong_mc = eval("move_mc" + j);
    dong_mc._x = 400 + random(150);
    dong_mc._y = 40 + random(150);
}
```

```
function movepic(dong_mc, jing_mc)                    //自定义用于碰撞检测的函数 movepic
{
  dong_mc.onPress = function()                        //按下鼠标
  {
     this.startDrag();                                //开始拖动图块
     dx = this._x;                                    //保留图块的初始坐标
     dy = this._y;
  };

  dong_mc.onRelease = function()                      //释放鼠标
  {
     stopDrag();                                      //停止拖动

     switch (level)                                   //判断不同难度等级
     {
        case 1 :                                      //等级为1,简单
           {
              if (this.hitTest(jing_mc))              //碰撞检测
              {                                       //true
                 this._x = jing_mc._x;                //正确的图块到正确的位置
                 this._y = jing_mc._y;
                 right++;                             //拼正确1块,加1
              }
              else
              {                                       //false
                 this._x = dx;                        //不正确的图块回到原位置
                 this._y = dy;
              }
              break;
           };
        case 2 :                                      //等级为2,中等
           {
              if (this.hitTest(jing_mc._x, jing_mc._y, true))        //碰撞检测
              {
                 this._x = jing_mc._x;                //正确的图块到正确的位置
                 this._y = jing_mc._y;
                 right++;                             //拼正确1块,加1
              }
              else
              {
                 this._x = dx;                        //不正确的图块回到原位置
                 this._y = dy;
              }
              break;
           };
        default :
           {
              if (this.hitTest(jing_mc._x, jing_mc._y, true))        //碰撞检测
              {
                 this._x = jing_mc._x;                //正确的图块到正确的位置
                 this._y = jing_mc._y;
```

```
                    right++;                  //拼正确1块,加1
                }
            }
        };
        if (num == right) //全部拼正确
        {
            _root.gameover._visible = true;        //显示"你真厉害!"提示
        }
    };
}
```

（10）存盘后测试运行,就可以选择不同难度玩拼图游戏了,运行效果如图 11-41 所示。

图 11-41 拼图游戏运行截图

11.3.10 实例 11-12——交互式电子相册制作

在第 5 章的实例 5-3 中,完成了简单的电子相册的效果,但是有相当多的地方需要改进,比如,背景音乐单一且不可修改,照片之间的转场效果固定且不可修改。其实利用 ActionScript 2.0,电子相册中的内容都可以进行动态修改。本实例主要涉及对声音的控制、外部图像的动态载入以及用代码实现转场效果,下面就分别来介绍相关的知识点。

1. 声音的处理

在 Flash 中对声音进行控制操作,主要使用 Sound()类来完成,要使用 Sound 类必须使用 new 新建一个 Sound 实例。

```
var mysound:Sound = new Sound();
```

有了 Sound 实例,就可以使用 Sound 类的方法来操作声音了。

attachSound()方法。将库中的声音加载到舞台上。

start()方法。声音开始播放。

setVolume()方法。设置声音大小,其值为 0~100。

loadSound()方法。加载外部的声音文件。

另外,onSoundComplete 事件是在声音结束播放时调用的,经常用于声音播放完后一些事件的触发;Sound 类有个 position 属性,这个属性是声音当前已播放的毫秒数,这个属性可以实现暂停功能,在停止播放时记住停止的位置,再次播放时从停止的位置开始播放。

2. 外部图像及 SWF 的调用

一个复杂的 Flash 应用(例如复杂的 Flash 游戏),要把所有的内容都做在一个 SWF 文件中,这个 SWF 文件将会非常大,这显然是不明智的。Flash 可以根据 SWF 动画播放的进程,随时载入外部的 SWF 文件以及图像,将会大大地节约资源,提高动画的播放效率。ActionScript 2.0 可用 loadMovie 函数来实现外部资源的动态载入。

loadMovie 函数及 MC.loadMovie()方法。

使用 loadMovie() 函数可以在播放原始 SWF 文件时,将 SWF、JPEG、GIF 或 PNG 文件加载到 Flash Player 中的影片剪辑中。

格式为:loadMovie("要加载的 SWF 文件或图片",目标影片剪辑);要加载的 SWF 文件或图片如果来源于网络,书写格式为:http://…,如果源于本地硬盘上的文件系统,书写格式为:file:///…,如果要加载的 SWF 文件或图片与 FLA 文件在同一目录下,则直接写文件名。

如果要卸载某个影片剪辑,则用 unloadMovie()函数。

类似的还可以用 loadMovieNum() 函数和 unloadMovieNum()函数,它们的用法跟 loadMovie 和 unloadMovie 差不多,只是它们不是指明目标影片剪辑,而是加载到一个深度上或卸载某个深度的影片剪辑。

3. 实例制作及解析

(1) 新建一个 Flash AS 2.0 文档,舞台大小为 800×450 像素,背景白色,帧频 24 帧/秒。

(2) 把"图层 1"改名为 AS,在第一帧上添加帧代码如下。

```
var mymusic:Sound = new Sound();              //新建一个 Sound 类实例,用来控制背景音乐
var pausetime = 0;                            //暂停时间初始化为 0
mp3_num = random(6);                          //随机生成 0~5 的 mp3 编号
mymusic.loadSound(mp3_num + ".mp3",true);     //从当前文件夹载入背景音乐
mymusic.start();                              //开始播放背景音乐
```

背景音乐都放在与 SWF 相同的文件夹下,名字为 0.mp3~5.mp3,刚开始运行时,随机选择一首音乐作为背景音乐播放。

(3) 然后动态载入背景图片。同样在 AS 图层的第一帧,在声音代码的后面添加如下代码。

```
//创建空的影片剪辑 bg_mc,用来加载背景图片
this.createEmptyMovieClip("bg_mc",-16384);
```

```
bg_num = random(6);                         //随机生成 0~5 的背景图片编号
loadMovie("背景" + bg_num + ".jpg", bg_mc); //从当前文件夹载入背景图片
```

背景图片都放在与 SWF 相同的文件夹下,名字为"背景 0.jpg"~"背景 5.jpg",由于背景图片要在最低层,所以加载的深度设置为−16 384,这样才不会遮挡舞台上的其他元件。

(4) 接下来处理要切换的相册图片。为了区别于背景图片的处理方法,把相册图片导入到 Flash 库中进行处理。在库中新建一个影片剪辑元件"pic_mc1",把"素材 1.jpg"导入其中。在库面板中右键单击 pic_mc1,选择"属性",展开"高级"选项,在"链接"中选中复选框"为 ActionScript 导出(X)","标识符"设置为 pic_mc1。其余的"素材 2.jpg"~"素材 10.jpg"图片也同样处理,这样得到 pic_mc1~pic_mc10 共 10 个影片剪辑元件,具体设置如 11-42 所示。

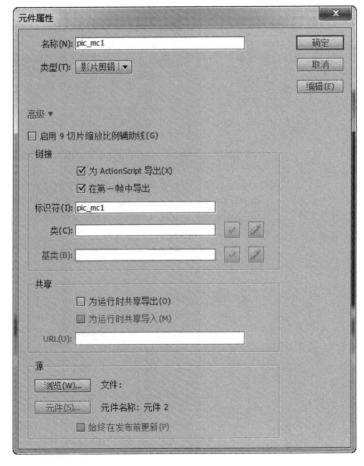

图 11-42　元件属性设置

(5) 继续在 AS 图层第一帧上添加代码,用于加载库中用于切换的影片剪辑 pic_mc1~pic_mc10。

```
var n:Number = 0;                            //变量 n 为当前所在图片
var Num:Number = 10;                         //Num 为图片数量
_root.createEmptyMovieClip("pic_new",1);//创建空的影片剪辑,用于装载库中包含图片的影片剪辑
```

```
pic_new._x = 30;                        //设置影片剪辑在舞台中的位置
pic_new._y = 30;
```

（6）接下来设置图像转场的效果，所有转场效果都用遮罩来实现，一共通过代码设置了 10 种遮罩效果。首先新建两个影片剪辑，分别是 100×100 的正方形方块，和直径为 100 的圆，设置两个影片剪辑的注册点为中心。在按照步骤（4）的方法，设置其标识符分别为 square 和 circle。

（7）在 AS 图层第一帧上添加代码，自定义用于转场的 changepic 函数，一共预设 10 种转场效果，每次的转场效果都是随机选择的，用 switch 语句实现，以下代码只例举 case 1 部分，完整代码见实例的 FLA 源文件。

```
function changepic()
{
        switch (1 + random(10))                  //随机生成1～10,用于选择转场效果
        {
        //复制若干个圆,分布在每行每列,并使每个圆的大小不断增加至覆盖整张图
            case 1 :
                for (i = 0; i < 10; i++)
                {
                    for (j = 0; j < 8; j++)
                    {
                        var p:MovieClip = mask.attachMovie("circle", "circle" + i * 10 + j,
i * 10 + j);
                                            //这里加载的图形都属于遮罩层(mask)
                        p._width = 20;
                        p._height = 20;
                        p._x = 20 + i * 60;
                        p._y = 20 + j * 60;
                        p.onEnterFrame = function()
                        {
                            if (this._width < 100)
                            {
                                this._width = this._height + = 2;
                            }
                            else
                            {
                                delete this.onEnterFrame;
                            }
                        };
                    }
                }
                break;
                …
        }
    }
```

（8）在 AS 图层上新建"图框"图层，绘制图框，其中左边大小为 500×375，用于图片转场切换，右边用于放置按钮，图框内部均填充半透明白色，然后把图层上所有内容转换为影片剪辑"图框"。

（9）再次新建图层"按钮"，分别创建"更换音乐"、"播放"、"暂停"、"切换画面"、"自动切换"、"更换背景"按钮元件，并拖放至舞台右边并调整好位置。

（10）背景音乐控制的按钮代码。在"更换音乐"的按钮实例上添加如下代码。

```
on (release) {
    mp3_num = mp3_num < 5 ? ++mp3_num : 0;
    //首先判断正在播放的背景音乐编号，不超过5则播放下一首，超过则编号变为0
    mymusic.loadSound(mp3_num + ".mp3",true);.
                                              //按编号加载背景音乐
    mymusic.start();                          //开始播放新的曲目
    pausetime = 0;                            //暂停时间清空为0
}
```

在"播放"的按钮实例上添加如下代码。

```
on (release) {
    mymusic.start(pausetime);                 //从暂停处继续播放
}
```

在"暂停"的按钮实例上添加如下代码。

```
on (release) {
    pausetime = mymusic.position/1000;        //记录暂停位置
    mymusic.stop();
}
```

（11）转场效果控制的按钮代码。首先在 AS 图层的第一帧上添加 var auto = false，设置自动播放的布尔值为 false，然后在"切换画面"的按钮实例上添加如下代码。

```
on (release) {
    auto = false;                             //不自动切
    n = n < Num ? ++n : 1;                    //判断当前播放图片的编号数
    _root.pic_new.attachMovie("pic_mc" + n,pic,2); //从库中加载影片剪辑
    createEmptyMovieClip("mask",3);           //创建遮罩
    pic_new.setMask(mask);                    //设置遮罩
    changepic();                              //调用转场函数切换画面
}
```

在"自动切换"的按钮实例上添加如下代码。

```
on (release) {
    auto = true;                              //自动切换
    n = n < Num ? ++n : 1;
    _root.pic_new.attachMovie("pic_mc" + n,pic,2);
    createEmptyMovieClip("mask",3);
    pic_new.setMask(mask);
    changepic();
    once = function ()                        //切换函数
    {
        if (auto == false)                    //不自动切换时
        {
            clearInterval(autoplay);          //清空自动切换
```

```
        }
        n = n < Num ? ++n : 1;
        _root.pic_new.attachMovie("pic_mc" + n,pic,2);
        createEmptyMovieClip("mask",3);
        pic_new.setMask(mask);
        changepic();

    };
    autoplay = setInterval(once, 5000);              //每 5 秒自动切换一次
}
```

（12）更换背景控制的按钮代码。

```
on (release) {
    bg_num = bg_num < 5 ? ++bg_num : 0;              //确定背景图片编号
    loadMovie("背景" + bg_num + ".jpg", bg_mc);       //更换一张背景图片
}
```

（13）存盘测试，单击相应的按钮，就可以更换背景图片、改变音乐以及手动或自动切换画面。运行效果截图如图 11-43 所示。

图 11-43　运行截图

（14）拓展思考。在本实例中，背景图片和背景音乐必须放在与 SWF 文件同一文件夹下才可以正确调用，如果用同名的其他图片或音乐替换源文件，则不用修改 FLA 源文件就可以正确运行。

用于转场切换的图片，由于被嵌入在 SWF 文件中，所以无法动态改变，读者可以尝试用动态载入背景图片的方法进行修改，使其也能动态改变。

图片转场效果，还可以自行添加其他效果，只需要设置不同的 case 值，并保证能取得相应的值即可。本实例中只做了图片显示的转场效果，读者可以尝试添加图片消失的转场效果，以进一步完善电子相册。

参 考 文 献

[1] 张亚飞.FLASH——CS5 中文版动画轻松学(第一版).北京：化学工业出版社,2011.

[2] 李新峰.全面提升 50 例 Flash 经典案例荟萃(第一版).北京：科学出版社,2009.

[3] 马鑫.我的 Flash CS5 动画与交互设计书(第一版).北京：电子工业出版社,2011.

[4] 王环,李安宗.新编中文 Flash8 实用教程.西安：西北工业大学出版社,2006.

[5] 王志敏,刘鸿翔.Flash 动画制作.武汉：华中科技大学出版社,2004.

[6] 九州书源.Flash CS5 动画制作(第一版).北京：清华大学出版社,2011.

[7] 美国 Adobe 公司.陈宗斌,译.Adobe Flash CS5 中文版经典教程(第一版).北京：人民邮电出版社,2010.

[8] 力行工作室.Flash CS5 动画制作与特效设计 200 例（第一版）.北京：中国青年出版社,2011.

参考文献